版权声明

Sensory Integration

A Guide for Preschool Teachers

幼儿感觉统合与问题识别

写给幼儿教师和家长的应对指南

[美] 克丽丝蒂·伊斯贝尔（Christy Isbell）
丽贝卡·伊斯贝尔（Rebecca Isbell）／著

周艳芳／译

中国轻工业出版社

图书在版编目（CIP）数据

幼儿感觉统合与问题识别：写给幼儿教师和家长的应对指南／（美）克丽丝蒂·伊斯贝尔（Christy Isbell），（美）丽贝卡·伊斯贝尔（Rebecca Isbell）著；周艳芳译．—北京：中国轻工业出版社，2023.7

ISBN 978-7-5184-4188-4

Ⅰ.①幼…　Ⅱ.①克…　②丽…　③周…　Ⅲ.①学前儿童-感觉统合失调-训练-指南　Ⅳ.①B844.12-62

中国版本图书馆CIP数据核字（2022）第247314号

责任编辑：牟　聪
策划编辑：牟　聪　　　　责任终审：张乃柬
责任校对：刘志颖　　　　责任监印：吴维斌

出版发行：中国轻工业出版社（北京东长安街6号，邮编：100740）
印　　刷：三河市鑫金马印装有限公司
经　　销：各地新华书店
版　　次：2023年7月第1版第1次印刷
开　　本：880×1230　1/32　印张：5.375
字　　数：70千字
书　　号：ISBN 978-7-5184-4188-4　定价：38.00元
读者热线：010-65181109，65262933
发行电话：010-85119832　传真：010-85113293
网　　址：http://www.chlip.com.cn　http://www.wqedu.com
电子信箱：1012305542@qq.com
如发现图书残缺请与我社联系调换
220173Y1X101ZYW

译 者 序

你是否留意过在平坦地面上行走却屡次摔倒的幼儿？你是否对打闹不停的幼儿不知所措？如果你的教室里刚好有一个总是“慢半拍”的孩子或挑食的孩子，你是否知道该如何应对？幼儿的这些行为究竟跟什么有关呢？答案也许就是——感觉统合！

婴幼儿通过他们的各种感觉（视觉、听觉、触觉、味觉、嗅觉、前庭觉和本体觉）来认识和理解周围的世界并建构自己的世界。当我们的身体通过各个部位（如皮肤、耳朵、眼睛等）接收来自外部的不同刺激时，我们的大脑会不断地对这些感觉信息进行筛选、组织和反应，以支持身体正常运作，这就是感觉统合。

当一个人的大脑不能有效地组织各种感觉信息并做出相应的反应（如反应过度、反应不足或反应迟钝）时，感觉处理障碍就会发生，他就会表现出不适应的行为（如感觉回避、感觉寻求等）。例如，一个打闹不停的孩子可能是在不断地寻求感觉输入，因为他的大脑对来自运动和平衡方面的刺激反应不足或反应迟钝，因此他需要比普通人获得更多的运动输入，以了解和控制自己的身体。

日本著名的幼儿教育专家津守真曾说过：“在教育一线工作一天，就像在读一本书。有时是一边理解一边读，有时是不明其理地读。”孩子的成长是一个漫长又短暂的过程，这个过程并不是迎合成年人的期望。教师需要真正看到孩子的需求，看到他们想做些什么。他们能够按照自己的意愿进行游戏和交往，发展能动性和自我意识，从而能够发展出内在的生命张力，活出自己的人生。

我在日本攻读博士学位期间，曾跟着导师到当地的幼儿园给一些特殊儿童做个别指导。其中有一个孩子总是拒绝参加场面热闹的活动，他会自己到角落里躲起来。后来通过我们的观察发现，并不是他不喜欢自己的同伴或性格孤僻，只是他的视觉受不了“人流涌动”的过度刺激，因此他选择回避。这个发现告诉我们，在开展后续活动的时候，应该充分考虑让这个孩子参与简单的交互游戏或者偏静止的游戏。本书中的内容将有助于你了解面对幼儿的感觉处理障碍时，你该如何做出恰当的反应和提供适宜的帮助。

作为一名曾在教育一线工作过的教师，我真切地感受过孩子们对教师的依赖。在很大程度上，这种依赖不仅源于教师温柔有爱地对待他们，还源于让他们感受到信赖感、安全感和归属感的教室与活动环境。只有当孩子感觉到自己处在一个安全的环境，并体会到温暖的情感时，他们才会健康成长。灯光的亮度、物品的摆放、低成本材料的有效利用，以及教师说话声音的高低、个别儿童的特殊需求等，都是我们在环境创设中应该考虑的要素。究竟这些要素对孩子的感觉输入有怎样的影响，我们又该如何在实践中营造良好的环境，也是本书中讨论的重要内容。

本书总共由六章构成。在第一章中，作者解答了什么是感觉统合、感觉处理障碍，并介绍了相关的概念和术语。在第二章中，作者从教育实例出发，详细介绍了感觉回避、感觉寻求和感觉反应迟钝儿童的具体行为及差异。儿童对一种或多种感觉输入的反应差异，会让他们表现出迥异的行为，因此准确地识别儿童存在的感觉处理障碍,并有效地为其提供支持至关重要。在后四章中，作者分别从环境、常规和活动等角度，为教师该如何做提供了详细的指导建议。

本书为幼儿园一线教师和家长如何识别有感觉处理障碍的孩子，并采取相应的干预策略提供了系统的、科学的指导，通过具体的案例与“红旗项”小词条，为幼儿教师和家长带来了“接地气”的保教经验。全书无泛泛而谈的空话，从诊断评估到干预治疗，都体现出了面向学龄前儿童感觉统合领域的专业性。

本书不仅为广大一线幼儿教师提供了宝贵的实践经验和科学指导，也是家长科学育儿的重要参考资料。本书中系统的感觉统合知识体系，将有助于家长更好地观察和了解自己的孩子，并能够与教师同心协力，提供适宜的环境或干预手段，以促进孩子在感觉统合方面的健康发展。

最后，虽然译者秉承着严谨、专注的治学精神完成了本书的翻译工作，但可能译文中依然会出现一些不当之处。遂望广大前辈、同人及同行批评指正，不吝赐教。期待您的来信：enhosho0921@outlook.com

周艳芳

2023 年 3 月

目　录

第一章　什么是感觉统合和感觉处理障碍？ …… 1
感觉统合 …… 2
感觉的发展 …… 4
感觉统合的背景 …… 5
什么是感觉处理障碍？ …… 6
对感觉输入的反应 …… 8
感觉处理障碍与相关术语 …… 10
感觉处理障碍对学习的影响 …… 11

第二章　感觉回避者、感觉寻求者与感觉反应迟钝者 …… 13
感觉处理障碍儿童 …… 14
识别感觉回避者、感觉寻求者与感觉反应迟钝者 …… 19
视觉回避者：这个幼儿会做什么？ …… 20
视觉寻求者：这个幼儿会做什么？ …… 22
视觉反应迟钝者：这个幼儿会做什么？ …… 23
听觉回避者：这个幼儿会做什么？ …… 24
听觉寻求者：这个幼儿会做什么？ …… 26
听觉反应迟钝者：这个幼儿会做什么？ …… 27
触觉回避者：这个幼儿会做什么？ …… 28

触觉寻求者：这个幼儿会做什么？ …… 31
触觉反应迟钝者：这个幼儿会做什么？ …… 32
前庭觉（运动和平衡）回避者：这个幼儿会做什么？ …… 34
前庭觉（运动和平衡）寻求者：这个幼儿会做什么？ …… 36
前庭觉（运动和平衡）反应迟钝者：这个幼儿会做什么？ …… 38
本体觉（身体意识）回避者：这个幼儿会做什么？ …… 39
本体觉（身体意识）寻求者：这个幼儿会做什么？ …… 41
本体觉（身体意识）反应迟钝者：这个幼儿会做什么？ …… 43
总结 …… 44
观察幼儿 …… 44
何时筛查及转诊给谁？ …… 47

第三章 设计环境以支持所有幼儿的感觉发展 …… 51
环境的积极影响 …… 52
教师的作用 …… 53
视觉环境 …… 59
听觉环境 …… 66
触觉（触摸）环境 …… 68
前庭觉（运动和平衡）环境 …… 73
本体觉（身体意识）环境 …… 76

第四章 对感觉处理障碍幼儿的帮助 …… 79
调整环境 …… 80

感官饮食 …… 81
使人平静的和有组织的活动 …… 84
提醒性活动 …… 85
给有视觉处理问题幼儿的建议 …… 85
给有听觉处理问题幼儿的建议 …… 88
给有触觉（触摸）处理问题幼儿的建议 …… 91
给有前庭觉（运动和平衡）处理问题幼儿的建议 …… 96
给有本体觉（身体意识）处理问题幼儿的建议 …… 101

第五章 在常规中满足幼儿需求的实用方案 …… 107
过渡 …… 108
圆圈时间 …… 111
操纵工具 / 精细运动 …… 114
学习区域 …… 117
点心 / 午餐时间 …… 120
如厕 …… 122
休息 …… 123
操场或体育馆 …… 125
你学到了什么？ …… 127

第六章 构建和创造低成本项目 …… 129
体感袜 …… 130
地毯卷 …… 131

缓冲垫 …… 132
斜面板 …… 133
图文日程表 …… 135
有机玻璃涂鸦墙 …… 136
沙枕 …… 137
隔音板 …… 138
轮胎秋千 …… 139

附录 …… 143
术语表 …… 149
参考文献 …… 157
拓展资源 …… 159

第一章

什么是感觉统合和感觉处理障碍?

感觉统合

在你的教室里，有些幼儿可能会对他们所处的环境做出令人困惑或担忧的反应，你可能不确定该如何应对他们的行为。一些不寻常的行为可能与下列行为相似。

- 托马斯在同伴们唱歌时捂住耳朵。
- 坦普尔在其他小朋友坐成一圈时满地打滚。
- 布里安娜拒绝接触橡皮泥、沙子或油漆。
- 米格尔爬到桌子上，然后跳了下来。
- 卡桑德拉经常摔倒，擦破膝盖。
- 威廉拒绝在户外游戏设施上玩耍。

这些幼儿都表现出在感觉统合（Sensory Integration，简称SI）方面有问题的迹象。那么，你该如何设计或改变环境，使他们能够在教室里有效地学习和活动？

本书解释了为什么在感觉统合方面有问题的幼儿在学前教育环境中会有不同的表现。每一章中的“红旗项”都有助于识别有感觉处理障碍（Sensory Processing Disorder，简称SPD）的幼儿，并提供了简单易行的解决方案，以满足学龄前幼儿的感觉需求。本书中提出的许多想法将改善所有儿童的环境，而不仅仅是针对有感觉处理障碍的幼儿。

感觉统合是在日常生活中组织感觉输入以发挥功能的神经过

程。我们的大脑从身体接收信息并解释这些信息，这样我们才能生存并理解我们的世界。我们通过感觉来学习和发展。我们还利用感觉帮助我们在环境中进行适当的互动。

> 感觉统合是在日常生活中组织感觉输入以发挥功能的神经过程。

我们很早就了解了触觉、视觉、听觉、味觉和嗅觉这五种感觉。然而，大多数人没有意识到另两种同样重要的感觉。前庭觉（运动和平衡）通过我们的内耳解释信息，以确定我们的身体是在移动还是静止。即使我们正在乘坐过山车穿过完全黑暗的室内区域，此时视觉无法提供信息，前庭觉也会告诉大脑，我们的身体正在空间中移动。我们的本体觉（身体意识）为我们的大脑提供了关于身体部位及其在空间中位置的信息。本体觉帮助我们确定头、胳膊和腿在任何时候的位置，使我们能够在不低头看脚的情况下走上楼梯。

感觉统合发生于中枢神经系统（大脑、脊髓和神经）。当身体通过皮肤、肌肉、关节、内耳、眼睛、鼻子和嘴巴收集信息时，感觉统合会自动发生。当你阅读这本书时，你的大脑也会努力整合来自你身体的许多感觉输入。例如，你在阅读这一页的文字时，也在处理其他的感觉信息：你可能看到房间周围的背景，听到空调声、隔壁房间的电视机声和孩子们说话的声音，感觉到毯子裹着你的腿，品尝你喝的柠檬水，闻到蜡烛燃烧的味道。你还可能感觉到你坐在沙发上（前庭觉），抬头，双腿交叉（本体觉）。大脑不断地专注于感觉信息——筛选、组织和对输入做出反应——

这样身体才能正常运转。这就是感觉统合。

感觉的发展

感觉处理最早始于胎儿时期，并在整个童年时期持续发展。随着儿童中枢神经系统的成熟，他们的感觉系统也在成熟。婴儿在很小的时候就可以使用他们的感觉，尽管他们的感觉系统并不完善。大多数人在进入青春期后，就已经具备了功能齐全的感觉系统。

新生儿的感觉能力与幼儿的感觉能力有很大区别。新生儿对大多数类型的触摸会有保护性反应。例如，新生儿会对脚底的触摸做出反应，收回他的腿。到 3 岁时，他将学会区分各种类型的触摸，当他的脚被搔痒时，他会笑，或者将他的脚从他踩到的玩具上挪开。年幼的婴儿可以通过气味识别母亲，但对环境中的大多数其他气味似乎并不了解。大多数幼儿可以识别常见的气味（如厨房里烤松饼的气味），他们还可以告诉你，松饼的味道是甜的。

七种感觉中的每一种感觉都以自己的速度发展。视觉、听觉、前庭觉和本体觉通常需要更多的时间来发育成熟。刚出生的婴儿缺乏识别颜色或形状的能力。到

3岁时，许多孩子可以看到远处的物体，并能分辨出形状和颜色的不同。新生儿虽然能听到声音，但他没有能力识别声音或其位置。大多数幼儿可以识别和定位远处的声音，如操场对面的教师的声音。

每个幼儿都会按照自己的节奏发展感觉能力。然而，“典型的”感觉发展和技能有一个广泛的范围。遗传和环境的影响在感觉发展中起作用。例如：有些幼儿由于其内耳的形成方式（遗传），更容易发生耳部感染；而其他幼儿更有可能发生耳部感染，是因为他们经常暴露于有二手烟的环境中。这两种影响因素导致幼儿的听觉出现问题是很常见的。所有的感觉都需要一起工作，这样幼儿才能发挥其最大的潜力。幼儿必须协调所有的感觉，以了解他们的世界，并使之有效地发挥作用。

感觉统合的背景

A. 琼·艾尔斯（A. Jean Ayres）是一位职业治疗师和教育心理学家，她在20世纪中期对感觉统合进行了研究。她确定了感觉处理障碍的诊断方式，发展了感觉统合理论，并在1973年出版了她的开创性著作——《感觉统合与学习障碍》(*Sensory Integration and Learning Disorders*)。艾尔斯博士设计了感觉处理障碍的评估工具，并教会许多职业治疗师如何评估和治疗感觉处理障碍。她提出的感觉统合理论仍然是评估和干预感觉处理障碍儿童的基础。

许多职业治疗师继续着艾尔斯博士的工作，因为健康专家、家长和教育工作者已经意识到这种诊断和治疗的价值所在。卡洛尔·克朗诺威兹（Carol Kranowitz，2006）的《失调的孩子——认识和应对感觉处理障碍（修订版）》(*The Out-of-Sync Child: Recognizing and Coping with Sensory Processing Disorder*, Revised Edition）一书帮助了许多人（包括幼儿教师），使他们更清楚地认识到感觉统合方面的缺陷会如何影响幼儿的日常生活。

什么是感觉处理障碍?

感觉处理障碍是指在日常生活中很难使用通过感觉（视觉、听觉、触觉、味觉、嗅觉、前庭觉和本体觉）收集的信息。大多数人天生就具有接收感觉信息、组织信息并做出适当反应的能力。例如，当你闻到烤箱里曲奇饼烧焦的味道，看到烟，听到烤箱计时器嗡嗡响时，你就会到厨房里把曲奇饼从烤箱里拿出来。这是对大脑通过鼻子、眼睛和耳朵接收到的感觉信息的适当反应。当一个人的大脑无法组织这些感觉信号，无法有效地做出反应时，他就会出现感觉处理障碍。举一个同样的例子，如果一个人对饼干烧焦的反应是用手捂住耳朵并大喊大叫，那么这将是一个无组织和无效的反应，他将难以在他所处的环境中有效地运作。

> 感觉处理障碍是指一个人的大脑不能组织感觉信号，他不能做出适当的反应。

感觉处理障碍的分类

感觉处理障碍是一组神经系统疾病的总称。它主要有三大类（见图 1.1）：感觉调节障碍（Sensory Modulation Disorder，简称 SMD）、感觉辨别障碍（Sensory Discrimination Disorder，简称 SDD）和基于感觉的运动障碍（Sensory-Based Motor Disorder，简称 SBMD）。

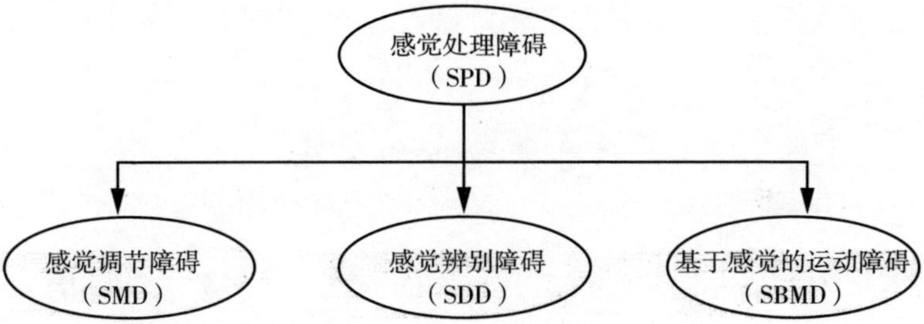

图 1.1　感觉处理障碍的类型

（引自：Miller, L. J., Cermak, S. A., Lane, S. J., Anzalone, M. E. & Koomar, J. A. (Summer, 2004). Position statement on terminology related to Sensory integration dysfunction. *S.I. Focus magazine.*）

感觉调节障碍是感觉处理障碍中最常见的类型，许多教师和家长都能识别。如果幼儿有这种类型的感觉问题，那么他们最有可能使教师和父母感到担忧。患有感觉处理障碍的幼儿通常在发展领域有问题，具体涉及社会情感技能、粗大运动技能、精细运动技能、游戏技能和自助技能等方面的问题。这些幼儿还可能表现出行为问题，并出现继发于其感觉处理障碍的低自尊迹象。这些发展领域的缺陷会对幼儿产生重大的负面影响。因此，本书的重点关注对象就是患有感觉调节障碍的幼儿。幼儿教师可以利用相关信息来识别患有这类障碍的幼儿，也可以利用这些资源来帮助选择和实施基于感觉的方法，使幼儿在学习环境中获得成功。

基于上述目的，感觉辨别障碍和基于感觉的运动障碍将不会在后续章节中一一呈现，因为这两类感觉处理障碍不太常见，那些没有经过高级感觉统合训练的人很难识别，对这两类儿童的评估和干预通常是由儿科职业治疗师设计和实施的。

对感觉输入的反应

每个人都会偶尔经历感觉方面的困难。大多数人能够学会如何调整和管理感觉输入，使他们对输入的反应变得“有适应性”，这些方式让他们在日常活动中不会感到太困难。例如：有人不喜欢衬衫后面的标签的摩擦感，于是他会简单地把衣服上的标签剪掉；或者，一个坐车时晕车的人可能会选择自己开车，这样他就可以在视觉上专注于道路。这些都不是感觉处理障碍的例子；相反，它们显示了感觉处理方面的个别问题。这些人已经学会了如何改变或适应某些情况，使他们不会感到不舒服。

我们理解感觉输入，并以功能性方式做出反应的能力是一个发展的过程。例如，卡罗琳是一个典型的发展中的 6 岁幼儿，她对环境中的某些声音过于敏感。在睡觉时，如果隔壁房间里的电视声音太大，那么她将无法平静入睡。当她 2 岁时，如果电视声音太大，她就会哭闹不止。现在她 6 岁了，她已经学会了简单地要求父亲降低音量，并在自己上床前关上房门。这是她对自己无法处理的听觉输入的有效反应，她并没有表现出感觉处理障碍。

> 我们理解感觉输入，并以功能性方式做出反应的能力是一个发展的过程。

许多幼儿无法对某些类型的感觉输入产生具有适应性的或有效的反应。有些幼儿则容易被某些感觉输入过度刺激，并试图回避它们。其他幼儿则处于相反的一端，他们在受到一些感觉输入的刺激时比较迟钝：有些幼儿需要刺激，但不知道如何获得刺激；另一些幼儿则渴望比一般幼儿得到更多的感觉输入。处于这两端的幼儿都有感觉统合方面的问题，这会妨碍他们参与学习与生活活动。

刺激不足 ⟵ 典型反应 ⟶ 刺激过度

费希尔是一个 3 岁的男孩，他似乎一直在动。虽然 3 岁的幼儿通常被认为是好动的人，但费希尔对不断运动的需求似乎远远

超出了正常范围。这种行为对他在幼儿园里的参与和学习能力产生了影响。费希尔不能安稳地坐1分钟以上，他花了很多时间在房间后面的桌子旁跑来跑去。在区域活动时间，他会从一个区域快速移动到另一个区域，并且对材料没有表现出太大的兴趣。费希尔在前庭觉（运动和平衡）领域表现出感觉处理障碍。由于对运动和平衡方面的刺激反应迟钝，因此费希尔的大脑需要比普通人获得更多的运动输入。他似乎无法得到足够的运动，所以他才通过不断移动来寻求更多的运动。

感觉处理障碍与相关术语

一些与感觉统合相关的术语可能会被误用和混淆。例如，你可能会听到一位家长说："我的孩子能够进行感觉统合。"每个人都能够进行"感觉统合"，而有些幼儿则在感觉统合方面有困难。艾尔斯博士将这组感觉统合问题称为"感觉统合功能障碍"，有时也称为"感觉统合紊乱"。在感觉统合领域，许多研究人员用"感觉处理障碍"来描述这一类问题。为了与时俱进，我将在本书中通篇使用"感觉处理障碍"这一术语。

感觉处理障碍对学习的影响

患有感觉处理障碍的幼儿的大脑与普通幼儿的大脑有不同的工作方式。由于感觉处理障碍影响幼儿的整体发展，所以幼儿的典型童年经历不是缺失的，就是不连贯或没有效果的。进行普通的生活活动，对患有感觉处理障碍的幼儿来说可能是一种挑战，因为这类幼儿的大脑无法组织和处理感觉信息。

感觉统合对幼儿的学习有巨大的影响。幼儿通过与环境的互动来获得对世界的理解。例如，一名幼儿在土里挖了一个洞，通过这个过程，他学到了很多东西（如土壤的质地和重量，以及哪些动物生活在土壤中），还练习了精细运动技能。患有感觉处理障碍的幼儿无法组织感觉以功能性的方式提供信息，并对输入做出反应。这些障碍导致幼儿表现出负面的行为或极端的情绪，而这并非智力低下的结果。由于感觉处理障碍的影响，幼儿在学习、运动发展或行为方面可能出现下列问题。

- 协调问题。
- 注意力不集中，或难以专注于任务。
- 与学习有关的问题，如字迹不清和难以用剪刀剪东西。
- 自理能力方面的问题，涉及系鞋带、拉拉链、扣扣子和进食。
- 自尊心低下。
- 在触觉、视觉或听觉方面过于敏感。
- 活动水平异常高或低。

一方面，一个被来自环境的感觉信息淹没的幼儿，将无法有效地学习；另一方面，一个缺乏刺激的幼儿也将欠缺学习时所需要的输入。在接下来的章节中，我们将进一步阐释“感觉处理”，这对于为各种类型的幼儿提供最佳的学习环境是必要的。所有的幼儿都可以从精心设计的环境中受益，并意识到感觉在他们的发展中的作用。

第二章

感觉回避者、感觉寻求者与感觉反应迟钝者

感觉处理障碍儿童

在适应或调节对感觉输入的反应方面，患有感觉处理障碍的幼儿的大脑会遇到很大的困难。这意味着幼儿对环境中的感觉输入要么反应不够强烈，要么反应过于强烈。对感觉信息反应不够强烈的幼儿被视为反应迟钝，而对感觉信息反应过于强烈的幼儿被视为反应过度。

感觉回避者

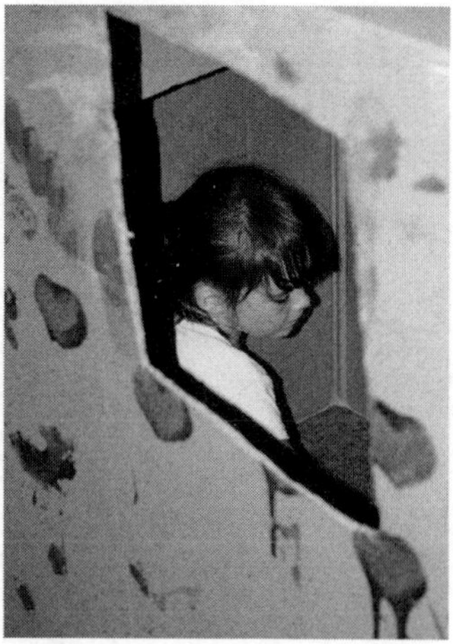

感觉回避者对一个或多个感觉系统（触觉、视觉、听觉、前庭觉、本体觉、味觉和嗅觉）的感觉反应过度。感觉回避症是最常见的感觉问题，患有这类病症的幼儿的大脑无法有效地减少感觉。这类幼儿可能会过度兴奋，其对某些感觉信息的反应表明这些信息具有刺激性或令人感到痛苦；他们甚至可能害怕很多感觉（Miller & Fuller，2006）。

有些感觉回避者是被动的，并试图远离对他们来说可怕的物体或活动。他们可能会选择参与一个不那么可怕的活动，或者“用嘴说出来”。例如，感觉回避者可能远离操场上的秋千和滑梯，而选择每天在沙箱里玩。

其他感觉回避者对感觉的反应可能过于激进或强硬。他们的反应可能是做出不适当的行为，如打人、咬人或踢人。由于幼儿的消极行为而将其从某种环境中转移，这种方式可以帮助幼儿避免过度的感觉情境。成人将幼儿从环境中移开，可能是感觉回避者摆脱威胁性环境的一种方式。幼儿可能更喜欢被转移，而不是被敦促参与过度刺激的活动。

触觉回避或触觉防御是感觉回避的常见类型。这种幼儿以一种极其消极的方式对触觉（触摸）体验做出反应。例如，当老师介绍一个碗里有玉米淀粉和水的混合物（黏糊糊的东西）时，4 岁的达米安的大脑告诉他，要避免这种新的触觉体验。达米安躲到桌子的下面。当老师帮助他回到自己的座位时，他哭着喊道:“我不想去！”经过一番安抚,达米安终于安静下来。然而，当被要求“试着触摸一下”时,达米安的反应是推开老师的手臂。

还有其他类型的感觉回避者。有些幼儿回避声音，他们可能会躲起来或捂住耳朵，并以尖叫来回应某些声音。前庭觉（运动和平衡）回避者害怕移动，因此他们可能拒绝攀爬、荡秋千或乘坐户外游戏设施，你可能会发现这些幼儿坐在树下或遮阳棚下。

感觉寻求者

寻求感觉的幼儿渴望从一个或多个感觉系统（触觉、视觉、听觉、前庭觉、本体觉、味觉和嗅觉）中获得过度刺激。这种类型的幼儿比其他幼儿寻求更多的刺激，而且似乎永远不会对自己

所接受的感觉刺激的数量感到满意（Miller & Fuller，2006）。

有些感觉寻求者渴望触觉的输入。伊丽莎白是一个3岁的孩子，她每天都带着各种毛绒玩具到幼儿园。虽然她被告知自己家里的玩具需要留在她的储物柜里，但她每天都要取回这些玩具八九次。我们可以发现她在胳膊上来回地揉毛绒玩具。伊丽莎白仍然把东西放进嘴里并吮吸她的手指。她是第一个跳进沙箱的人，她脱下鞋子和袜子去感受沙子。伊丽莎白最喜欢的区域是艺术区，她坚持用手指在身体上作画，而不是使用画笔或纸。活动越混乱，她越喜欢。

有些感觉寻求者渴望运动体验。教师可能会把这类幼儿描述成一个不断运动的冒险者。在操场上，他试图爬到秋千架的顶端，以便跳下来。他倒挂在攀爬架上，并松开，让自己掉到地上。他希望你把他的秋千越推越高。你必须一遍又一遍地提醒他不要从秋千上跳下来的规定，因为他已经无数次这样做了。在课堂上（尤其是在安静的活动中），这个幼儿很难保持安静。在圆圈活动时间，他多次站起来又坐下，或者摇晃和弹跳。在区域活动时间，他似乎以最快的速度在教室里移动。另一些感觉寻求者渴望声音、味道或气味的输入。

寻求听觉输入的幼儿可能会大声说话，可能会独自哼唱或经常打嗝。他还可能把 CD[①] 机放在耳边，尽可能调高音量。寻求气味输入的幼儿可能会闻自己的老师和朋友。

感觉反应迟钝者

反应迟钝的幼儿似乎没有注意到来自一个或多个感觉系统（触觉、视觉、听觉、前庭觉、本体觉、味觉和嗅觉）的感觉输入。这类幼儿对感觉输入的反应比其他幼儿少，甚至可能反应很慢，或者需要特别强烈的感觉输入才会有反应（Miller & Fuller，2006）。许多反应迟钝的幼儿对其他幼儿的触碰或碰撞没有反应。

> 感觉反应迟钝型幼儿对感觉输入的反应比其他幼儿少，甚至可能反应很慢，或者需要特别强烈的感觉输入才会有反应。

这些幼儿似乎不会注意到他们受到的轻微伤害（如割伤或擦伤）。例如，一个幼儿的父母报告说，他们孩子的手被户外的烤架烫伤了，但他从来没有哭过，那么这个幼儿很可能是感觉反应迟钝的人。

有些感觉反应迟钝的幼儿不善于与同龄人互动或玩耍。这类幼儿经常沉默寡言，性格孤僻。他可能更喜欢单独的游戏活动，如在图书区看书或听音乐。当其他孩子邀请他加入游戏时，他可

① 英文全称为 Compact Disc，是一种用以储存数字资料的光学碟片。——译者注

能会回答说"我现在正在看书",或者可能会完全不搭理其他孩子。

幼儿教师可能很难识别感觉反应迟钝的幼儿，因为他经常是安静和被动的。这类幼儿似乎“在自己的小世界里”，对教室里发生的其他事情毫无察觉。他可能对要求的反应特别慢。因此，他缺乏与同龄人开展有效互动所需的社会技能。

有些幼儿对前庭觉或本体觉的输入反应迟钝。他们似乎不愿意玩耍或走动。在户外，他们可能独自坐着或在操场上徘徊。与其他幼儿相比，这些幼儿可能显得非常笨拙。有些感觉反应迟钝者似乎对环境中的视觉和听觉输入（包括新的视觉图像、物体或声音）毫无察觉。

感觉回避者、感觉寻求者与感觉反应迟钝者的比较

感觉回避者、感觉寻求者和感觉反应迟钝者以非典型的方式对感觉输入做出反应。感觉回避者反应太多，感觉寻求者对感觉的渴求越来越多，而感觉反应迟钝者反应太少。

一个幼儿有可能同时具有感觉回避者和感觉寻求者的特征。有些幼儿寻求一种类型的感觉输入，而回避另一种类型的感觉输入。例如，卢卡斯寻求前庭觉（运动和平衡）方面的体验，但他也有触觉防御性，避免光、意外的触摸和混乱的活动。卢卡斯位于前庭神经输入频谱的一端，而位于触觉感知频谱的另一端。

> 有些幼儿寻求一种类型的感觉输入，而回避另一种类型的感觉输入。

识别感觉回避者、感觉寻求者与感觉反应迟钝者

下面的内容旨在帮助你识别幼儿感觉处理障碍的一些典型类别。本书包括与感觉寻求者、感觉回避者和感觉反应迟钝者有关的内容，具体涉及以下方面：视觉、听觉、触觉、前庭觉（运动和平衡），以及本体觉（身体意识）。请记住，所描述的症状因幼儿而异，没有一个幼儿会有所有的症状。然而，如果一个幼儿表现出一种或多种症状,那么他很可能有某种程度的感觉处理障碍。为了快速识别，本章中所有的感觉处理障碍的红旗项都将呈现在附录中。这些资料可以复印并张贴在教室里。

当你怀疑一个幼儿有感觉处理障碍时，请记住以下几点。

- 没有一个幼儿会有所列出的每种症状。
- 感觉处理可能因日而异或因时而异，可能有感觉处理好的一天，也可能有感觉处理不好的一天。应考虑幼儿行为的背景。
- 患有感觉处理障碍的幼儿可能在多种感觉输入（触觉、前庭觉、本体觉、视觉、听觉、味觉或嗅觉）方面有困难。
- 有可能某些幼儿在某一领域避免感觉刺激，而在另一领域寻求感觉刺激。
- 没有两个幼儿是一样的。每个幼儿都将表现出自己的感觉统合能力和缺陷。

关于其他准则，请参见：Kranowitz, C. S. (2006). *The Out-of-Sync Child: Recognizing and Coping with Sensory Processing Disorder*, Revised Edition.

视觉回避者：这个幼儿会做什么？

奥古斯塔是幼儿园里的一个5岁女孩。她的母亲说，她认识所有的字母，并能辨别所有字母的发音。然而，她的老师还没有看到她在纸上抄写任何字母。例如，当老师要求奥古斯塔“阅读房间”并试图找到一个以字母“S”开头的单词时，奥古斯塔环顾房间，似乎在整个过程中“心烦意乱”，最终她放弃了。她在自己的桌子前坐下来，把头抵在胳膊上，用手揉着眼睛。当老师问奥古斯塔字母“S”的发音时，她能够回答得很正确。

奥古斯塔可能是一个视觉回避者。她的大脑无法有效地整合通过眼睛获得的感觉信息，而且她很容易受到视觉输入的过度刺激。奥古斯塔所在的教室和许多幼儿园的教室一样，充满了艺术品、活动区域、明亮的荧光灯，以及许多忙碌的孩子。教师很努力地给教室里的许多物品贴上标签。奥古斯塔无法通过“阅读房间”来寻找字母“S”，因为这个房间对她的视觉刺激太大。当她扫视环境并寻找字母“S”时，她的眼睛很痛。因此，她闭上眼睛，以避免获得过多的视觉输入。奥古斯塔可以告诉老师字母“S”的发音，因为这是一种听觉技能，不需要她看任何东西。

视觉回避者：红旗项

注意：如果你怀疑幼儿可能有视觉方面的感觉处理障碍，那么他应该被带到验光师那里做一次彻底的视力检查，以排除基本的视力问题。

视觉回避者可能会有以下表现。

- 避免阳光和其他亮光（例如，幼儿可能会想在室内外都戴上太阳镜或帽子）。
- 拒绝参加有太多幼儿参与的活动（因为孩子们在四处走动，刺激视觉系统）。
- 因过多的视觉输入而出现晕动症。
- 避免与成人或同伴有目光接触。
- 无法确定距离（例如，幼儿可能会撞到书架或房间隔板）。
- 当过度使用眼睛时，会有头痛或恶心的感觉。
- 闭上眼睛或试图避开扔给他的球或其他物体。
- 揉眼睛。

视觉寻求者：这个幼儿会做什么？

玛丽亚的老师莉萨女士很担心她，因为她在所有的自由选择和区域活动时间都想坐在计算机前，她坐得离计算机屏幕非常近。莉萨女士鼓励玛丽亚参与其他区域的活动，但玛丽亚最终还是回到了图书和技术区。即使其他幼儿在使用计算机，玛丽亚也会坐在椅子上，眼神空洞地盯着屏幕。

玛丽亚可能是一个视觉寻求者，她正在使用计算机屏幕来刺激她的感觉系统。大多数人在看计算机屏幕一段时间后，可能会感到厌倦，而玛丽亚对视觉信息的刺激反应迟钝，这使她渴望屏幕提供的视觉刺激。

视觉寻求者：红旗项

注意：如果你怀疑幼儿可能有视觉方面的感觉处理障碍，那么他应该被带到验光师那里做一次彻底的视力检查，以排除基本的视力问题。

视觉寻求者可能会有以下表现。

- 盯着亮光、闪烁的灯光或直射的阳光。

- 盯着自己移动的手指或在空间中移动的物体（例如，吊扇、旗帜或风铃）。
- 在画画或精细运动时四处走动或摇头。
- 将物体贴近自己的脸来看它们。

视觉反应迟钝者：这个幼儿会做什么？

马可是一个4岁的男孩，在一所小学的附属幼儿园里就读。周末，苏特老师建立了一个新的学习区——“面包房”。在新一周的晨会上，苏特老师开始介绍“面包房”。她问孩子们：“今天有人在我们的房间里看到什么新东西吗？”除了马可，所有的幼儿都兴奋地举起了手。马可正和往常一样“开小差”，没有做出回应。于是，苏特老师问道：“马可，你能告诉我关于我们的新学习区的情况吗？”马可回答说：“什么新学习区？”其他幼儿开始蹦蹦跳跳地说：“我能！”“我可以！”苏特老师指着“面包房”说：“在那里，马可。”马可说：“哦，我不知道。我没有看到它。”

马可可能是一个视觉反应迟钝者。他的大脑不能有效地整合视觉信息。由于他的感觉系统对视觉输入的反应太慢，所以他没有注意到教室环境的变化。他对新的视觉信息没有视觉上的警觉性和意识，也似乎对周围的世界缺乏兴趣。

视觉反应迟钝者：红旗项

注意：如果你怀疑幼儿可能有视觉方面的感觉处理障碍，那么他应该被带到验光师那里做一次彻底的视力检查，以排除基本的视力问题。

视觉反应迟钝者可能会有以下表现。

- 对环境中的新物体、新材料或新人物毫无察觉。
- 盯着明亮的灯光或移动的物体，眼神中有一种恍惚。
- 摔倒或撞到室内或室外的新障碍物。
- 难以抓住球或摆脱移动的物体或人的影响，因为他的反应太慢。

听觉回避者：这个幼儿会做什么？

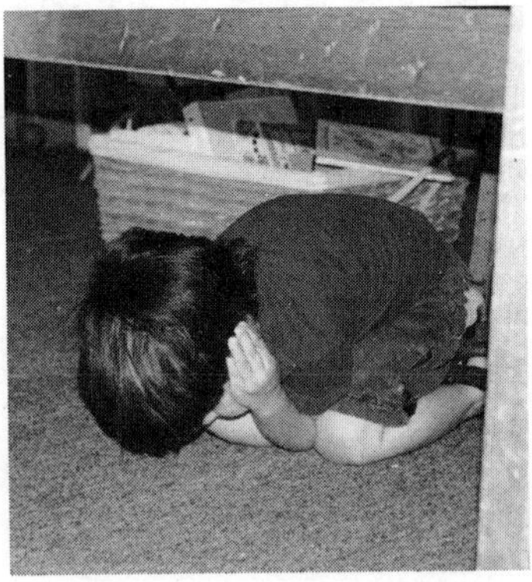

伊森是一个3岁的孩子，他的母亲刚刚返回工作岗位。他现在就读于一所全日制托儿所。伊森的老师观察到每当火车经过托儿所并响起汽笛时，伊森都会非常不安。每天会出现4次这样的情况。大多数幼儿要么跑到窗前看火车，要么完全无视它，只有伊森跑到一个角落，蜷缩着身子，捂住耳朵，闭上眼睛，仿佛很害怕。伊森的老师将这一行为报告给他的母亲。他的母亲说："是的，他对巨大的噪音非常敏感。每次我在家里用真空吸尘器时，他都躲在衣柜里。所以，他在家里的时候我就不吸尘。"

伊森可能是一个听觉回避者。他对响亮的声音过于敏感，如火车的汽笛声和吸尘器的声音。这些声音对伊森来说，实际上可能是令人痛苦的。一些有听觉防御性的儿童反映说，听到某些声音的感觉就像在他们的耳朵里注射东西。伊森的大脑不能有效地整合听觉输入，所以他试图通过藏匿和捂耳朵来躲避火车的声音。

听觉回避者：红旗项

注意：如果你怀疑一个幼儿可能是听觉回避者，那么他应该进行彻底的听觉检查，以排除基本的听力问题。

听觉回避者可能会有以下表现。

- 当听到突如其来的噪音（如警报器声、雷声、警笛或喇叭声）时，表现出过度的情绪（如哭泣、尖叫、愤怒）。
- 当房间里的噪音增加时（例如，在区域活动时间），表现出过度的情绪。
- 用手指堵住耳朵，大叫或哼唱，以掩盖某些声音（例如，火车的汽笛声）。
- 对常见的噪音感到不安，如冲厕所的声音、水声或背景音乐声。
- 当听到尖锐的声音（如电钻声、哨声、粉笔的吱吱声或金属的叮当声）时，表现出过度的情绪。

听觉寻求者：这个幼儿会做什么？

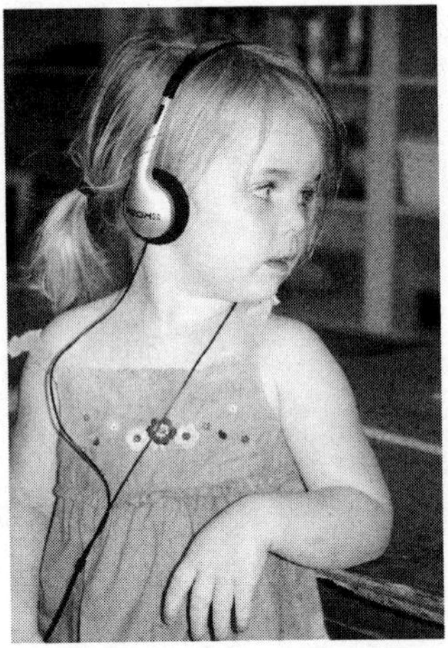

凯特琳是一个 4 岁的女孩，在当地小学中的“Title 1 学前项目”①中学习。她被诊断为发育迟缓，但凯特琳的老师怀疑她可能有自闭症。凯特琳不积极参与圆圈活动。她没有和老师进行眼神交流；她通常坐在圆圈里，前后摇晃着，大声地哼唱着；而且她经常逃到洗手间，关上门并反复冲厕所。她最喜欢的场所是音乐区，在那里，她会戴上耳机，把 CD 机调到最大音量来听音乐。

凯特琳可能是一个听觉寻求者。她主动寻求听觉输入，即戴上耳机并将音量调至尽可能大。她的大脑渴望越来越多的听觉输入。常见的声音（如厕所冲水的声音），对她来说很有趣，因为她从听这些声音中获得了快乐。在圆圈时间，教师说话或唱歌的声音对凯特琳的听觉系统刺激不够，所以她同时独自哼唱。

① 美国的一项早期教育项目，专门针对处境不利且家长无力提供优质教育的儿童。——译者注

听觉寻求者：红旗项

注意：如果你怀疑一个幼儿可能是听觉寻求者，那么他应该进行彻底的听觉检查，以排除基本的听力问题。

听觉寻求者可能会有以下表现。

- 把音乐的音量调得很高。
- 在教室里非常大声地说话。
- 将音乐玩具或其他能发出声音的玩具直接放在耳朵旁听。
- 发出聒噪的声音，如拍手、大叫、敲打物体或大声唱歌。
- 喜欢尖锐的声音（如电钻声、哨声或钟声）。
- 喜欢常见的噪音，如冲厕所的声音、水流声，或空调机的嗡嗡声。

听觉反应迟钝者：这个幼儿会做什么？

科贝不听从教师的口头要求，是因为他的感觉系统不能组织听觉输入，并做出适当的反应。

科贝最近搬进了4岁班的教室。在交接会议上，科贝的前任教师李老师报告说，科贝最大的问题是不能听从指示。她说："他只会无视我。我无法让他做任何事情。我会叫他的名字四五次，但他好像根本没有听到。当他要去厕所或户外的时候，我必须拉着他的手引导他。然后他才会跟着我走。"

科贝可能是一个听觉反应迟钝者。他不听从教师的口头要求，是因为他的感觉系统不能组织听觉输入，并做出适当的反应。在教室里的其他噪音中，科贝可能听不到李老师的声音。但当李老师通过握住他的手来提示他时，他就会跟着走。科贝没有“无视”李老师，只是他的听觉系统没有正确地处理这一信息。

听觉反应迟钝者：红旗项

注意：如果你怀疑一个幼儿可能是听觉反应迟钝者，那么他应该进行彻底的听觉检查，以排除基本的听力问题。

听觉反应迟钝者可能会有以下表现。

- 对教室里面或外面的典型声音似乎毫无知觉。
- 对口头要求反应缓慢或根本没有反应。
- 只注意极其响亮的声音或音乐，而它们是喧闹的声音或有不寻常节奏的音乐。

触觉回避者：这个幼儿会做什么？

阿德里安娜刚开始上幼儿园。她是一个聪明的孩子，有很好的语言能力，但她在新的班级里似乎很不开心。她很少笑，也没有与同伴建立任何友谊。

阿德里安娜非常挑食，她的饮食种类很有限，只吃软食，如土豆泥、面包、香蕉、酸奶和布丁。她的母亲为她单独准备了午餐，当其他幼儿吃饭时，她通常只是坐着发呆。在休息时间，阿德里安娜在垫子上翻来覆去、一遍又一遍地重新调整她的毯子，通常

在最后的15~20分钟才睡着。她醒来的时候会很烦躁，当其他幼儿吃零食时，她会在教室里漫无目的地游荡。

阿德里安娜从不去艺术区，并拒绝参加脏乱的活动。当全班同学在外面的花盆里种西红柿时，阿德里安娜紧紧地抱住老师，说："讨厌！我不想做！"当另一个幼儿拿着一壶水，不小心撞到了阿德里安娜，并把一些水洒在她的腿上时，她哭了起来并大叫道："啊！他把水洒在我的身上了！"哭了10分钟后，一名配班教师被迫将阿德里安娜与其他幼儿分开。

阿德里安娜可能是一个触觉回避者（触觉防御者）。她的感觉系统无法处理某些触摸输入，如不能触碰有纹理的食物。即使是简单的日常活动（如吃饭），对阿德里安娜来说也是难以承受的。她的大脑在混乱的活动（例如在泥土中种植）中会受到过度刺激，她会感到害怕并试图逃避这种活动。当另一个孩子撞到她并把水洒在她的腿上时，阿德里安娜的感觉系统就超负荷了。她的大脑会说"哎哟！好痛！"，然后她会以哭来回应。

触觉回避者：红旗项

触觉回避者可能会有以下表现。

- 对轻微或意外的触摸做出负面的回应（例如，打人、咬人）或过度情绪化（例如，哭泣、尖叫）。

- 避免在教室里进行脏乱的活动（例如，绘画、使用胶水）。
- 在有触觉体验时逃跑或躲藏。
- 不喜欢被亲吻或触摸，但可能会主动拥抱或用力触摸。
- 走在队伍的最前面或最后面，以避免被触碰。
- 挑食。
- 非常爱干净，在活动后立即洗手。
- 显得固执或不灵活。
- 过分怕痒。
- 不喜欢光脚。
- 洗脸时有极端情绪或愤怒的反应。
- 拒绝与他人牵手。
- 对轻微的撞伤、割伤或擦伤反应过度。
- 抱怨某些类型的衣服或衬衫上的标签。
- 要求将鞋带系得特别紧，抱怨袜子打结或扭曲。
- 通过找理由来避免自己触摸或玩有纹理的物体（物体表面上的花纹或线条）:“我的妈妈告诉我不要把新衣服弄脏。”
- 在教室里难以建立友谊，因为他会远离其他孩子，以避免被人意外地或轻轻地触碰。
- 踮起脚尖走路。
- 拒绝戴帽子或穿衣服。

触觉寻求者：这个幼儿会做什么？

雅各布是一个 4 岁的孩子，他在一所小学里上学前班。尽管他的老师经常说“管好自己的手”，但雅各布还是忍不住去摸他的朋友。在排队的时候，雅各布会不断地撞到其他幼儿，摩擦、戳打或推搡他们。在圆圈活动时间，雅各布被安排坐在一把椅子上，以防止他在垫子和其他孩子的身上打滚。坐着的时候，雅各布会用一只手或两只手扭动自己的头发。一天结束时，他总是变得很脏。他最喜欢的户外区域是沙箱。即使它是湿的，他也会在沙子里玩耍。雅各布会坐在沙箱里，把沙子盖在他的胳膊和腿上。在艺术区里，雅各布用他的身体而不是画纸作画。他把自己的手指浸入胶水，等它干了后再慢慢地把它剥下来。他的衬衫通常是湿的，因为他整天都在咬领子、下摆或袖子。

雅各布可能是一个触觉寻求者。他渴望得到触觉输入，因为他对触觉刺激反应迟钝，这意味着，他的大脑要在足够多的触觉输入后才会意识到自己已经被触动了。因此，他经常触摸自己、物体和其他人。他在圆圈活动中在地上打滚，是因为他的身体需要过度的触觉输入，以保持警惕并帮助自己集中注意力。像所有的幼儿一样，雅各布通过触摸和操作物体来了解他所在的环境。同时为了能够真正地学习，他进一步拓展了自己的经验。雅各布不只是在沙箱里玩，他还把沙子盖在自己的皮肤上。

触觉寻求者：红旗项

触觉寻求者可能会有以下表现。

- 似乎渴望触摸（例如，会长时间用手指画画）。
- 经常把东西放进嘴里。
- 喜欢脏乱的体验。
- 撞到东西或人。
- 不能把手放在自己的身上。
- 往嘴里塞食物。
- 在自己的胳膊或腿上摩擦有纹理的物体。
- 喜欢辛辣、烫或非常冷的食物。
- 在玩耍或交谈时与他人靠得很近。
- 摩擦或咬自己的皮肤。
- 不断触摸他人。

触觉反应迟钝者：这个幼儿会做什么？

玛丽亚是一个3岁的幼儿，她每周都会有3天上幼儿园。她是一个“独行侠”，不与其他3岁孩子一起玩。虽然她已经快4岁了，但她仍然穿着纸尿裤上幼儿园，也不告诉教师她什么时候需要上厕所。在区域活动时间，玛丽亚通常会选择图书区，她会安静地坐在那里看书。

当全班同学都在进行创造性的艺术体验时，玛丽亚显得毫无兴趣。经过多次提示后，玛丽亚会加入活动。但是，她很难使用画笔、记号笔或剪刀。她往往会弄得满身都是颜料，但从不大惊小怪或要求洗手。

玛丽亚表现出触觉反应迟钝者的共同特征。她的感觉系统对典型的触摸输入（例如她手上的颜料）没有反应；她还没有接受过如厕训练，因为她的大脑对如厕的需要或纸尿裤上湿润的感觉反应缓慢；她在精细动作方面有困难，因为她不能像其他孩子那样用手去感受工具或材料。玛丽亚需要更强或更持久的触觉输入，才能意识到触觉信息。

> 玛丽亚还没有接受过如厕训练，因为她的大脑对如厕的需要或纸尿裤上湿润的感觉反应缓慢。

触觉反应迟钝者：红旗项

触觉反应迟钝者可能会有以下表现。

- 似乎不知道自己的脸或身体有多脏乱。
- 对温柔的抚摩没有反应。
- 对创造性艺术（涉及油漆、胶水、黏土）缺乏兴趣。
- 对小玩具或物体的操作有困难。
- 似乎没有注意到温度的高和低。

- 似乎不知道有不同的质地（例如，硬的、软的）。
- 没有注意到衣服是湿的或脏的。
- 如厕训练进展很慢。
- 学习如何穿脱衣服很慢。

前庭觉（运动和平衡）回避者：这个幼儿会做什么？

埃文是一个健谈的5岁男孩。每天早上，埃文都会拎着一袋麦片和一瓶汽水进入幼儿园的教室。他的母亲说，在20分钟的路程上,这样做可以“防止埃文呕吐”。当埃文吃完早晨的零食后，他通常会去图书区，在那里他可以自己看书，有时他还会昏昏欲睡。

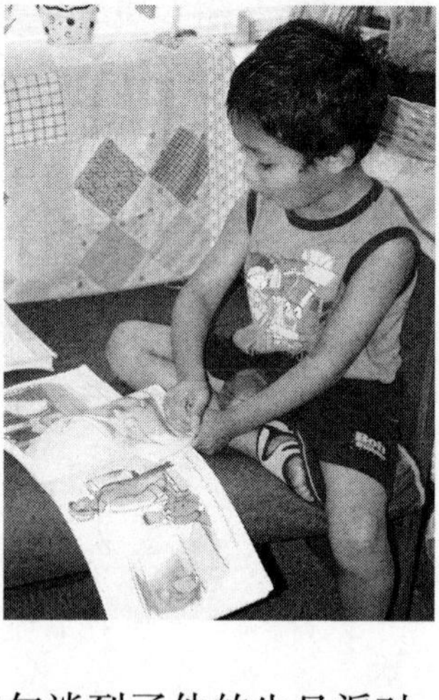

埃文在班级里更乐意和女生一起玩。在操场上，雷切尔和米米与他一起玩假装游戏。埃文跟着她们从一个地方转移到另一个地方。当女孩们顺着梯子爬到树屋时，埃文待在下面，说:“我要去割草。”最终，埃文在一棵树下坐下来，把地上的覆盖物推来推去，直到午饭时间。

埃文是第一个洗手并坐在午餐桌旁的人。几个男孩坐在他的附近。威尔谈到了他的生日派对，他计划在一个室内游乐场里举行派对。威尔对埃文说:“我也会邀请你。这将会很酷！”埃文回应说：“我不喜欢那个地方。我可能不会去。”威尔回应道：“好吧，反正我也不想让你来！”

埃文可能是一个前庭觉回避者，因为他的大脑很容易受到运动的过度刺激。他每次坐车去幼儿园时都会晕车，因为这种运动会使他的感觉系统超负荷。当他到达幼儿园后，他的感觉系统想要关闭，它告诉他的身体，是时候睡觉了。昏昏欲睡或睡觉是他在前庭受到过度刺激时的一个常见反应。在操场上，埃文避开游戏设施（如滑梯和秋千），并“发明”只限于地面（修剪草地）的假装游戏活动。埃文不参加许多的大肌肉运动活动，而且表现得笨拙和不善言辞，这影响了他与同伴的社会交往，降低了他的自尊心。

前庭觉（运动和平衡）回避者：红旗项

前庭觉回避者可能会有以下表现。

- 胆小怕事，对运动体验很谨慎（非风险承担者）。
- 害怕游戏设施（如滑梯、秋千、单杠或攀爬架）。
- 晕车（即使是短途旅行）。
- 低自尊，因为他不愿意与他人玩耍（特别是在户外）。
- 害怕电梯或自动扶梯。
- 恐高或不喜欢脚离开地面。
- 害怕上楼梯或下楼梯（例如，用双手扶栏杆）。
- 显得固执或不合作。
- 不能骑三轮车、自行车或其他适龄的骑乘类玩具。

- 出现操纵行为，特别是在他感到缺乏控制的情况下（例如，孩子可能会说："我们去树下玩吧。只有小孩子才会去玩滑梯。"）。
- 笨拙或不协调。

前庭觉（运动和平衡）寻求者：这个幼儿会做什么？

贝弗莉老师说："巴勃罗不停地动！"从他进门开始，他就一直在走动。巴勃罗在早上的圆圈时间里很难坐下来。贝弗莉老师已经尝试了所有她能想到的方法来鼓励他坐好，但没有任何效果。即使他坐在圆圈里，他也仍然在动。他来回摇晃，不断摆弄他的口袋、纽扣，或衣服上的领带。

巴勃罗是一个冒险家，一直在受伤。当被问及他参与户外游戏的情况时，贝弗莉老师说："他所尝试的事情……哎，他只是让我感到害怕。有一次，他在家里的时候，从他姐姐的树屋上跳下来，摔到了一些灌木上。他的胳膊断了两处。当我们在户外时，我的眼睛就没有离开过他。"

贝弗莉老师关心的是如何帮助巴勃罗在课堂上更专注地听讲。她说："我已经尝试使用积极的纪律教育措施，并在他跨过椅子时说'巴勃罗，你的脚要放在地上'之类的话。但是，它们似乎并不起作用。"

巴勃罗可能是一个前庭觉寻求者。为了让他的大脑理解自己在运动，他需要接受大量的、强烈的前庭觉输入。巴勃罗的大脑告诉他的身体，他需要更多的运动，他通过不断参加过量的或极端类型的运动来获得这类前庭觉输入。巴勃罗似乎是一个冒险家或麻烦制造者。从他的行为来看，他从树屋上跳下来，是为了获得在空中飞行的体验。他的目的并不是制造麻烦。

> 为了让巴勃罗的大脑理解自己在运动，他需要接受大量的、强烈的前庭觉输入。

有些寻求前庭觉的幼儿也可能有注意缺陷多动障碍（Attention Deficit Hyperactivity Disorder，简称 ADHD），但不是此类幼儿都有这种情况。前庭觉寻求型幼儿之所以不断地移动，是因为他们的大脑需要更多的输入。要求巴勃罗在整个圆圈时间里坐着不动是徒劳的；他必须不断运动，这样他才能保持警觉和集中注意力。

前庭觉（运动和平衡）寻求者：红旗项

前庭觉寻求者可能会有以下表现。

- 在室内和室外都要冒安全风险。
- 不能坐着不动。
- 冲动（做事不经大脑）。
- 以跑代替走。
- 不断运动（例如，扭动、坐立不安、来回摇晃、蹦跳）。
- 将每一个动作体验推向极致（例如，尝试荡到秋千的最顶部）。

- 无论怎么转来转去，都不会头晕。
- 比其他孩子更喜欢运动体验。

前庭觉（运动和平衡）反应迟钝者：这个幼儿会做什么？

玛丽老师很担心加特林。加特林非常安静和内向，似乎他就是没有精力参与课堂活动。他睡得很好，吃得很好。但是他在教室里走动很慢，有时看起来就像在做白日梦。玛丽老师认为，也许加特林在家里没有得到足够的休息，所以她向加特林的母亲询问了他的每日作息情况。据加特林的母亲说，他是一个“睡眠非常好的孩子”，而且一直是“最好的孩子”。

加特林通常不理会他的同龄人，很少和他们一起玩，即使他们要求他一起玩。当他们在操场上的时候，加特林通常坐在游戏设施的下面，并且在地面覆盖物里挖东西。如果玛丽老师和他一起荡秋千，只要她推他，他就会荡起来。当全班同学准备回到教室时，加特林是最后一个排好队的人。他缓慢地移动，并以一种不协调的方式拖着脚走。

加特林可能是前庭觉反应迟钝者。与其他同龄儿童相比，加特林对教室或操场上的体验反应较少。例如，他不喜欢在操场上奔跑和玩耍，而是喜欢坐着看别人。在教室里，他花时间做“白日梦”，而不是探索或与同伴互动。

虽然加特林不怎么动，但他与前庭觉回避者不同。他并不害怕移动。只是他需要更长的时间来对运动体验做出反应，他的大脑可能需要更强烈的运动输入才能做出反应。例如，一旦玛丽老师让他开始荡秋千，那么他就会享受这种运动体验。

前庭觉（运动和平衡）反应迟钝者：红旗项

前庭觉反应迟钝者可能会有以下表现。

- 容易发生事故（例如，摔倒或绊倒，而且没有站稳）。
- 比其他幼儿更不协调。
- 注意不到运动或运动的变化（例如，在秋千上被推高）。
- 不喜欢新的运动体验。
- 比其他幼儿更倾向于坐着、站着或躺着。
- 显得很容易疲倦或懒惰。

本体觉（身体意识）回避者：这个幼儿会做什么？

安是一个乖巧的幼儿，她在幼儿园里从不制造任何麻烦。事实上，她似乎在教室里消失了。她最喜欢的地方是安静区的“舒适椅”。在每天上午长达 45 分钟的区域时间里，她一直坐在那里一动不动。到了吃午饭的时间，教师通常要把安从椅子上扶起来。

安总是最后一个去吃午饭的人，她缓慢地走在队伍的最后。她体重超标，而且体态不好。她也有不寻常的食物偏好。她会吃水果、布丁和其他软性食物，但不喜欢松脆的食物（如生蔬菜）

或耐嚼的食物（如花生酱、有黄油或果酱的三明治）。午饭后，安总是准备休息一下。虽然她不喜欢教师帮助她把床单铺在垫子上，但她通常会挣扎一会儿，然后放弃，最后将床单铺在垫子上。

安可能是一个避免本体感觉的人。她不喜欢参加那些难以完成的活动。本体觉（身体意识）是通过对身体关节和肌肉的拉伸输入实现的。安在做繁重的工作（如爬树或推着装满积木的箱子穿过地毯）时，接受了太多的本体感觉输入。她不希望教师帮她铺床单，因为她不喜欢教师的手重重地压在她的手臂上，她也不吃脆的或有嚼劲的食物，因为这些食物需要用力才能吃下。

避免本体觉（深压）输入的儿童往往显得懒惰。安通常选择在舒适的椅子上休息，而不是在生活区搭积木或玩耍；搬动沉重的积木或推着婴儿车是一项艰苦的工作。安是一个缓慢的移动者，因为她走得越快或跑得越快，她给自己的关节和肌肉的输入就越多。安的大脑告诉她的身体，要避免重体力劳动，因为这太难了。

本体觉（身体意识）回避者：红旗项

本体觉回避者可能会有以下表现。

- 显得懒惰或过度疲劳。

- 避免身体活动（跑或跳）。
- 挑食。
- 不喜欢动。
- 不喜欢别人移动他的身体，包括不希望你帮助他把手臂放进外套里。

本体觉（身体意识）寻求者：这个幼儿会做什么？

帕克是一个精力充沛的 4 岁男孩，他通过奔跑和撞击墙壁、书柜、饮水机来娱乐。摔倒后，他会从地上跳起来，对自己狂笑。他似乎从来不会受伤。教室里的女孩们看到帕克走过来时就会跑开，他追着这些女孩，直到他的老师叫他。

大多数孩子都害怕帕克，因为他十分粗暴。他有时会推搡和殴打其他幼儿，特别是在一天结束的时候，那时大家都很累。帕克只有一个亲密的朋友——拉斐尔。这两个男孩喜欢在操场上“动手动脚”，即使教师提醒他们学校里有“禁止摔跤”的规定。

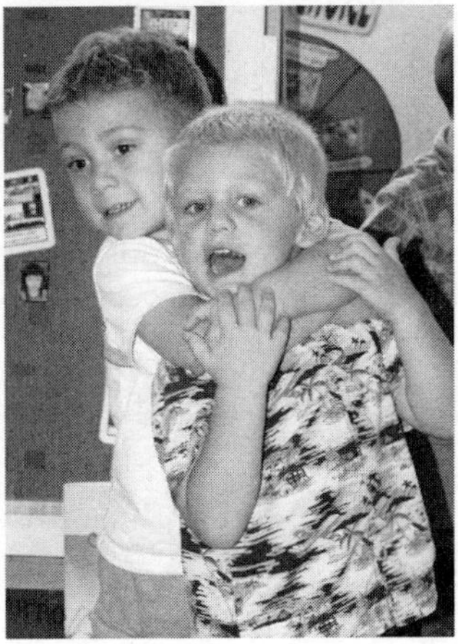

帕克可能是一个本体觉寻求者。他需要从繁重的工作或提供肌肉伸展的运动中获得本体觉（身体意识）的输入。帕克的大脑需要比同龄人获得更多的输入，以了解他的身体部位在做什么。帕克的大脑告诉他的身体“给我更多”！因此帕克会撞到东西，与拉斐尔摔跤，并把重物推来推去，因为这能给他带来大脑渴望的深层压力的输入。

帕克对其他孩子显得很有攻击性，因为他常常用很大的力量冲向他们。他做这些事情并不是为了引起他人的注意。相反，他打人和推人是为了获得更多的深层压力的输入。他参与的野蛮游戏对他与同伴的关系产生了负面影响，因为其他孩子不愿意和他玩野蛮的游戏。帕克需要帮助，以找到更合适的获得深层压力输入的方法，并对他的身体有更多的了解。

本体觉（身体意识）寻求者：红旗项

本体觉寻求者可能会有以下表现。

- 喜欢撞墙、撞物或人。
- 咬手指甲，吸吮手指。
- 表现出攻击性行为，如打人、踢人或咬人。
- 不注意他人的个人空间，当他说话时挡住你的脸，或者在你坐着时趴在你的身上。
- 要求你把他的鞋子系得很紧。
- 走路时跺脚。
- 咬和咀嚼物体，包括他的衬衫、铅笔、记号笔、玩具和口香糖。
- 在休息时间喜欢被用力拍抚或用毯子紧紧裹住。
- 参与极其激烈的野蛮游戏。

本体觉（身体意识）反应迟钝者：这个幼儿会做什么？

菲利普参加了一个“开端计划”项目。他是一个非常讨人喜欢的4岁幼儿，他即将步入5岁。菲利普最不喜欢的活动是晨圈活动，教师经常引导孩子们在音乐中进行活动。他会坐在自己的椅子上，直到教室里的教师助手扶他站起来。然后他就站在原地，任凭其他孩子在他的周围活动。

菲利普很笨拙。他快2岁时才学会走路。现在他以一种不寻常的步态行走：走路时膝盖保持不动。他在幼儿园里经常摔倒，但从未哭过。上周，他从家里的楼梯上摔下来，他的祖母说：“他甚至都没有哭。”

菲利普在精细运动技能和自理能力方面的发展有延迟。他可以握住铅笔，但是他无法照着画出一个正方形或三角形。他能用剪刀剪东西，但是他不能剪出一条直线。他接受了2个月的如厕训练，但仍然穿着纸尿裤。他使用勺子和叉子很困难，会把食物弄得到处都是。在家里他的祖母仍然给他喂食。

菲利普表现出本体觉反应迟钝型幼儿常见的特征。他的内心没有想移动身体的愿望。他的大脑对来自肌肉和关节的信号解读缓慢。他的大脑不像一般人那样记录他的头、手、胳膊、腿和脚的位置，因此学习新的运动技能对他来说更具挑战性。当菲利普移动时，他往往是不协调的，因此他在某些运动技能方面的发展出现了延迟。他也不愿意参加新的运动体验（如在晨间活动中随着音乐跳舞）。

本体觉（身体意识）反应迟钝者：红旗项

本体觉反应迟钝者可能会有以下表现。

- 当有人撞到他时，他不知道。
- 精细运动技能（如剪、画、写、进食）差。
- 学习如何穿脱衣服的速度慢。
- 大肌肉运动技能（如走路、奔跑、单脚跳和双脚跳）不协调。
- 发生重大伤害时不哭。
- 对运动体验不感兴趣。
- 容易打破玩具，因为他在操纵物体时有困难。

总　结

现在你知道了一些可能对幼儿产生影响的感觉处理障碍，你必须学会下一步该怎么做。后续的内容提供了在学前环境中观察幼儿以识别感觉处理障碍的建议，并提供了与家长讨论你对幼儿患有感觉处理问题的怀疑的实用技巧。此外，还有关于可做出正式诊断的医学专家的信息。关于如何改变环境以满足感觉处理障碍幼儿的需要的建议，也在下文有所介绍。

观察幼儿

许多早期教育工作者对幼儿的行为都有敏锐的观察力。作为一名幼儿教师，你有能力在幼儿发展的关键时期发现他们的感觉处理问题。良好的感觉统合技能是幼儿能够有效地学习和活动所必需的，因此尽早发现他们的感觉处理障碍是至关重要的，以便你开始适当的干预。

你可以使用以下建议来指导你对幼儿的观察（Bundy，Lane & Murray，2002）。记住要注意观察幼儿的优点和弱点。一个有技巧的教师会利用幼儿的优点来帮助改善他们的弱点。

在观察过程中，首先要考虑几个一般性问题。

- 幼儿对触摸有什么反应（例如，他会不会不参加脏乱的活动或者是否不喜欢把自己弄脏）？
- 幼儿对运动体验的反应如何（例如，他在操场上是个冒险者，还是不在户外设施上玩耍）？
- 幼儿在自理方面（涉及吃饭和穿衣）表现如何（例如，他是一个非常挑剔的吃货，还是一个邋遢的吃货）？

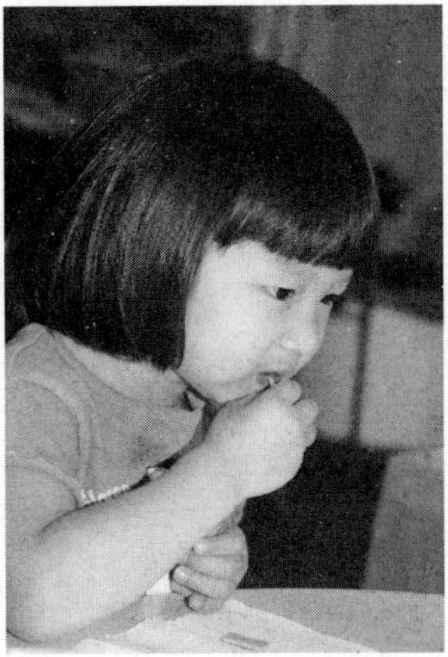

- 幼儿如何移动自己的身体（例如，他是协调的还是笨拙的，或者总是在移动还是移动得很慢）？
- 幼儿如何与其他同伴相处（例如，他是建立了牢固的友谊，还是独来独往）？
- 幼儿的自尊心如何（例如，他是否对自己做出负面评价或者他对自己的能力是否有信心）？

当你对幼儿何时或在哪些方面有问题有大致的了解后，请参考本章前面讨论的每种感觉处理障碍的红旗项。你也可能希望使用一个筛查工具来进一步深化你对幼儿的观察。《学前意识：给教育工作者的感觉查阅》（*Preschool SENSE: Sensory Scan for Educators*）是由卡洛尔·克朗诺威兹（Carol Kranowitz，2006）发布的，她是《失调的孩子——认识和应对感觉处理障碍（修订版）》的作者。《学前意识：给教育工作者的感觉查阅》包括核对表，以协助早期教育工作者记录他们对可能有感觉处理障碍或问题的学前幼儿的观察。

记录幼儿的异常行为或情绪反应，对你和他的父母都有帮助。对医务人员来说，获得记录问题发生时具体情况的书面文件可能特别有益。如果可能的话，这份书面文件要包括行为发生前或发生时的情况，也包括事件发生的日期和时间。文件中的内容可以很简短——例如："7/6/06，10:00 am：进行手指画。当颜料被挤到桌子上时，乔希捂住了嘴。他没有碰。"

考虑你想让幼儿在你的课堂上实现什么目标，并记录下这些目标。你可以制定几个在年底前完成的长期目标，例如，"乔希将在年底前参加 90% 的艺术活动"。你也可以制定短期目标，作为帮助幼儿实现大目标的垫脚石，如"乔希将用肥皂泡沫作画"。为幼儿制定具体的目标将有助于评估所取得的任何进步。这些目标也有助于你对课堂上的变化或调整进行评估。此外，如果幼儿有资格接受治疗，那么职业治疗师将需要知道你对幼儿的目标，因为这些目标构成了为他制订和实施干预计划的基础。

何时筛查及转诊给谁？

儿童越早被诊断为患有感觉处理障碍就可以越早接受干预。儿童的大脑发育迅速，在生命的前七年有很大的灵活性，这意味着在学前阶段开始的干预有更好的机会改善他们的感觉处理技能。接受优质的早期干预的幼儿有更大的可能性在学校和生活中取得成功。早期诊断是必需的，而你可以在识别过程中发挥非常重要的作用。

> 接受优质的早期干预的幼儿有更大的可能性在学校和生活中取得成功。

如果你通过观察发现幼儿有感觉处理问题的表现，那么该幼儿应由受过感觉处理障碍识别训练的人（如儿科职业治疗师）进行全面评估。《残疾人教育法》（*Individuals with Disabilities Education Act*）规定，所有的3—5岁幼儿可通过当地学区或其他指定机构接受评估。联系你所在的学区，询问他们的学前特殊教育计划或“儿童发现”计划（Child Find Program），以了解资格要求，以及幼儿可以去哪里接受评估。

如果家长或监护人不希望通过当地的学校系统对幼儿进行筛查，那么建议选择以下医疗机构的专业人员：

- 儿科职业治疗师；

- 儿科医生或其他医生（医学博士），如发育科医生或家庭医生；
- 儿童临床心理学家（博士）；
- 儿童精神科医生（医学博士）。

与家长 / 监护人交谈

幼儿教师最重要的角色之一是与孩子的家庭进行有效的沟通。然而，与孩子的家长或监护人讨论幼儿的问题，可能是一项非常困难的任务。首先，你要安排一个时间，在干扰最少的时候与家长会面。在交谈中，你要真实与诚恳。你可以用“三明治”的方法来讨论幼儿在班上的表现，也就是说，你可以从介绍幼儿的几个优点开始，然后介绍他的缺点，描述几个你关注的行为，最后至少再介绍一个幼儿的优点。对消极方面的描述要简短，切中要害。如果有一份简短的行为清单，那么你可以参考一下。通过这种方式，你可以让家长和监护人放心，既强调幼儿有优点，又让他们知道你的担忧。

告知家长你担心他们的孩子可能患有感觉处理障碍。提醒家长，你不会诊断问题，但你关心他们的孩子及其在学前教育阶段的表现。

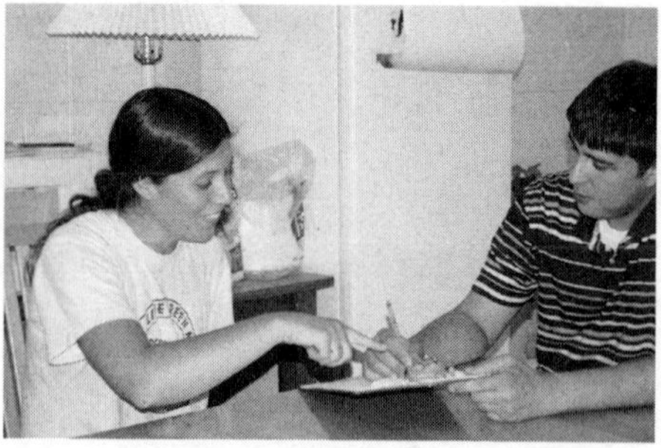

一旦你告知了家长，就要问他们是否有问题要问你，然后倾听他们的回答。要有同情心。你的观察结果可能对家长来说是一

个很大的冲击。如果被问到一个你没有答案的问题，最好的方式是说你不知道答案。你可以建议孩子由训练有素的医疗保健专业人员（如儿科医生）进行全面的评估，并建议家长向该专业人士询问你无法回答的问题。告知家长如果他们的孩子有感觉处理障碍问题，有一些干预措施可以帮助他们的孩子。向家长或者监护人解释完成评估的专业人员将推荐任何需要的干预措施，让他们知道你支持他们和他们的孩子，并希望以他们认为最合适的方式参与这个过程。

幼儿教师可以帮助幼儿发挥其最大潜力。遵循感觉统合理论的原则，教师可以在环境中做出简单的改变，从而对幼儿的学习产生积极的影响。接下来的一章介绍了为所有的幼儿提供一个更有组织和有效的学习环境的方法。

第三章

设计环境以支持所有幼儿的感觉发展

环境的积极影响

作为一名幼儿教师，你有机会对幼儿产生巨大的影响，因为你在他们发展的关键时期与他们一起工作。你帮助幼儿在最初几年发展的基本技能，将伴随他们的一生。在设计学习环境时，你要仔细考虑幼儿的感觉统合，这是他们需要学习的重要技能。

有效的环境设计包含室内和室外的适当数量和类型的感觉输入，能够考虑到各种感觉：照明选择（视觉）、声音水平（听觉）、艺术和创意材料（触觉），以及操场活动（前庭觉和本体觉）。思考环境对每个幼儿来说是刺激过度还是刺激不足是必要的。遵循合理的教室设计计划，为每个幼儿提供“发展适宜性挑战”的可能性更大。

遵循合理的教室设计计划，为每个幼儿提供“发展适宜性挑战”的可能性更大。

环境是不断变化的；定期评估空间及其对幼儿的影响很重要，同时要考虑环境对表现出具有挑战性行为的幼儿的影响，并在常态下反思环境对幼儿个体和群体的影响。

环境对幼儿的积极影响可以体现在许多方面。你可以用以下问题来指导你对环境的观察。

- 幼儿在游戏中是否互动和合作？
- 幼儿是否显得很专注，对材料感兴趣？
- 幼儿是否顺利地过渡？

- 在开展发展适宜性活动时，幼儿是否参与并保持警惕？
- 在开展发展适宜性活动时，幼儿是否平静和专注？
- 幼儿是否让同伴参与学习活动和游戏？

当观察到幼儿正在有效地参与物理环境时，也要注意学习环境中发生的情况。

教师的作用

教师是学习环境的一部分。你是对幼儿的教育环境影响最大的人。你与每个幼儿的互动应建立在了解感觉处理对其行为的影响的基础上。考虑你作为一名教师可以为孩子们创造一个美好的环境是有帮助的。你可以用以下几个简单的方法，促进你与教室里的幼儿进行积极的、即兴的互动。

监控你的声音水平

用低沉、平静的声音说话。当孩子们非常活跃和健谈时（例如在区域活动时间），你很难获得他们的注意力。作为回应，你可能会通过提高音量来让孩子们听到。然而，许多幼儿会因为喧闹的声音而受到过度刺激。这些幼儿非但不会注意你的话，反而会因为你的声音大而变得更加兴奋或活跃。保持冷静和使用平静的声音会吸引大多数孩子更仔细地听你说话。

遵循常规

幼儿需要遵循一个可预测的时间表。想一想上一次下雨天时孩子们不能出去玩，你还记得让孩子们参加室内活动有多难吗？幼儿习惯在一个连续性环境中成长，他们会被告知即将到来的活动。一旦他们的作息时间发生变化，许多幼儿很难保持有条不紊和专心致志。例如，幼儿可能会说：“我们不能吃午餐。我们还没有外出。”

有一个每日常规的图文日程表（见第六章的说明）对幼儿特别有益。然而，总有一天我们必须做出改变。一旦你意识到日程表发生了变化，就要告诉孩子们这个“骤变”，让他们做好准备。谈论这个变化有助于缓解幼儿在改变发生时的焦虑或恐惧。

简化指令

患有感觉处理障碍的幼儿往往需要额外的时间来处理新信息。与幼儿进行直接的眼神交流，以帮助其专注于你所说的话。使用简短的指示，并提出具体的问题，然后让幼儿在回答之前有时间思考。如有必要，可重复问题。你可以让他复述一下，以确保他正确地听到了你的指示。

提供适当的选择

在一天中为幼儿提供选择。要为幼儿提供开放性材料，如黏土、积木或纸，让他们决定如何使用这些物品。对于一些年龄较小的幼儿，在两种活动中做出选择就足够了。例如：“你想画画，还是用黏土？”更有信心或经验的幼儿可能会在三四个选择中做出决定，在教室里划分不同的活动区域就为此提供了条件。选择板是一个有用的工具，上面应该清楚地标注开放的区域和可进入每个区域的幼儿人数。选择板为幼儿提供了机会，使他们能够做出满足其当下感觉需求的选择。例如，如果玛丽对触觉输入特别“回避”，那么她可以选择只有两个空位的手握玩具区。这对她来说可能比积木区更好，因为积木区可以容纳 4 个孩子。

对于无法在众多区域之间做出决定的幼儿，你可以通过选择两个区域，并指着每个区域的图片来限制他的选择。然后，请幼儿在这两个区域中做出选择。例如：“积木区和园艺区是开放的。你想选择哪个区域？”

预防问题

通过设计环境和仔细观察孩子的行为，一些“崩溃”是可以预防的。每个幼儿都会有一些迹象表明他即将达到自己的感觉极限。例如，一个幼儿在完全崩溃之前可能会出汗或流泪。防止过度刺激比帮助孩子在受到过度刺激后重新组织更容易。例如，如果一个幼儿缩在桌子底下，双手捂着耳朵，那么他就很难再回到区域中。幼儿在缩到桌子底下前，可能已经在房间里踱步了。如果你观察到这种迹象，那么你可以建议他戴上耳机，防止噪音伤害他的耳朵。这种改变可以防止幼儿受到听觉上的过度刺激。

当幼儿的个别迹象明显时，要停下来并改变环境中的某些东西。改变可以包括一个简单的步骤，如将他从活动中移开，或者给他一个有力的拥抱。其他的改变可能更有意义，例如给幼儿一个“繁重”的工作活动，如用干净的湿毛巾清洁桌面。这种繁重的工作可以帮助幼儿平静下来。

与其对幼儿的消极行为进行惩罚，不如考虑一下环境中是否有什么需要改变的地方。对于一个对某些感觉输入有攻击性行为反应的幼儿来说，应对措施必须包括帮助他变得更加专注和平静。戴上你的“调查员帽子”，确定幼儿为什么会表现出这种具有挑战性的行为，然后做出回应。例如，一个表现出对前庭觉输入回避的幼儿，可能试图通过对另一个幼儿的语言攻击来回避运动体验（如荡秋千）：“你是个蠢蛋！我才不要和你一起荡秋千呢！”把孩子带离操场的回应方式，恰恰进一步鼓励了他的回避行为，因为被带走对他来说是一种奖励。当下次他的感觉系统受到挑战时，他可能会再次表现出语言攻击性，因为他在第一次这样做时尝到了甜头。一个更有效的回应是告诉幼儿骂人是不对的，并帮助他在操场上做出适合自己的选择。

促进自我意识

作为一名教师，学习过程的一部分包括了解某些感觉输入对幼儿的影响，并帮助其识别那些造成过度刺激的环境问题。如果康纳在听音乐跳舞时生气，并推搡其他幼儿，那么你要花点时间反思他的行为。你可能认识到，音乐的音量或类型对他来说是过度刺激。他作为一个感觉回避者，试图通过推搡其他幼儿来摆脱音乐的影响。你应该花点时间帮助康纳认识到他的情绪及其与感知的联系。例如，你可以坚定地对康纳说："我们不推其他小朋友。看起来音乐对你来说太响了。你应该说'请你把音乐关小一点好吗？'。"

你还应该帮助那些寻求感觉刺激的幼儿意识到他们的行为。夏恩经常把东西放进嘴里，尤其是在区域活动时间和圆圈时间。她通过嘴来寻求触觉输入。当夏恩开始咀嚼她的衬衫时，你可以把她带到一边，说："夏恩，你好像需要在嘴里塞点东西。咀嚼你的衬衫是不对的。让我们拿一些葡萄干吧。"这让夏恩有了合适的东西可以咀嚼，而不是咀嚼她的衬衫。这也有助于她开始了解自己的感觉需求，以便她能够寻找方法来处理这些需求。如果你担心卡路里的摄入量，可以尝试提供无糖口香糖或耐嚼的零食。

尊重幼儿的情绪

要尊重幼儿的恐惧和看起来很极端的反应。对于过度刺激的感觉信息，幼儿表现出看似固执或愤怒的行为是很常见的。在读本书之前，你可能认为通过让幼儿互动或尝试某种活动来帮助他是最合适的。当你开始考虑幼儿的感觉统合时，你会明白以前的做法可能不是有用的。以这种方式做出反应的幼儿可能在发出信号:“我害怕”或“那很疼”。不要强迫感觉回避者接触或参与他的感觉系统难以承受的活动。相反，最适当的反应是温和地鼓励幼儿，让他先看，然后体验。

> 不要强迫感觉回避者接触或参与他的感觉系统难以承受的活动。

要承认有的幼儿需要更多的感觉输入。不断移动的感觉寻求者会发出信号，表示他需要更多的前庭觉输入。例如，幼儿可能会站起来，在圆圈时间在房间里徘徊。对这种行为最不可取的反应是，把他关起来或限制户外游戏时间，从而剥夺他的运动机会。这种类型的惩罚最终会增加幼儿在学习环境中的负面行为。相反，要在一天中为幼儿提供定期的运动体验，这可以类似于“运动休息”，或者在坐着的时候提供一个垫子让他扭动。这种方法有助于幼儿在需要更多注意力的安静活动中保持专注。

保持连贯性

为幼儿保持一个具有稳定性、连贯性的环境是很重要的。这包括选择一种可靠的、积极的管教方法。对所有幼儿的反应要基于每个孩子的个人需求，无论他是有感觉处理障碍，还是能够有效地处理感觉输入。

当幼儿学会管理自己的感觉需求时，你要提供积极的反馈，这表明你已经注意到他日益增长的自理能力。在未来，幼儿将更有可能关照自己的感觉需求，而不是让你为他解决问题。

李在音乐区。他在调整 CD 机的音量大小。你可以说："李，我注意到你调低了音乐的音量，以便更好地享受音乐。这是个好主意！"

要看到环境改善实践的好处需要时间。有时，行为在变好之前会变得更糟。你需要继续做你正在做的事情。如果你决定调整环境，那么在确定其有用性之前，至少要尝试两个星期。方法要保持一致并仔细评估变化的结果。然后，做出更多的改变，以改善幼儿的学习环境。

视觉环境

对幼儿来说，环境的外观是非常重要的。对于患有感觉处理障碍的幼儿来说，教室在视觉上可能是令其无所适从的，而且会分散注意力。在设计视觉环境时，要考虑幼儿的视角。记住，他们是"小人物"。从他们的角度看的一个方法是，在跪着的时候给教室拍一张照片，然后评估视野。它看起来像什么？墙壁上有什么？天花板上挂的是什么？幼儿在地板上坐的是什么？桌子下面和架子上有什么？它看起来有吸引力吗？它看起来安全吗？是否有太多的视觉输入？

鼓励幼儿的空间感

一个精心设计的环境有助于幼儿有安全感。如果幼儿在学习环境中感到舒适，那么他们就不太可能出现对感觉输入过度敏感的迹象。让环境显得安全和有吸引力的一个方法是，提供儿童尺寸的家具和工具。将物体和材料放置在幼儿的视线高度上，这样他们就会感觉到这是自己的空间。将装有幼儿使用材料的存储容器放置在幼儿可触及的高度上，以减少他们撞倒容器和受伤的可能性。给物品贴上标签，以便他们能够独立地做出决定。

注意使空间具有美感，可以放置植物、地毯、地板照明物、枕头和窗帘等物品，使房间具有吸引力。在一个有美感的、有组织的、有鼓励积极参与的材料的环境中，幼儿会感到安全、有保障、有控制力。

使用适当的照明

照明对教室里的氛围有重大影响。大多数幼儿园的教室里有太多的人造光。荧光灯可能会使患有感觉处理障碍的幼儿在视觉上感到不舒服和刺激过度。可以将通常出现在幼儿教室里的冷白管换成暖光或全光谱管。全光谱照明能够提供更多的自然光，对幼儿的眼睛更舒适。

环境中最好既有明亮的空间，也有较暗的空间。例如，你可能希望在艺术区有更多的直射光，以便幼儿能够看清材料。私密空间的暗光可以让患有感觉处理障碍的幼儿感到放松和平静。白炽灯比荧光灯更柔和，强度更低，可以在生活区使用这些灯来模拟家庭环境。对于教室里用于不同活动（如圆圈活动和休息）的区域，有可调光的开关是一个不错的选择。夹式灯可以通过将光线集中在一个特定区域来提供额外的变化。

自然光的眩光可能会对患有感觉处理障碍的幼儿造成视觉上的过度刺激。可以用各种遮挡物来控制自然光，从而防止眩光。这些遮挡物可以包括百叶窗、遮阳板或窗帘。

组织教室

设计良好的幼儿园教室会考虑到幼儿的视觉和本体觉（身体意识）的发展。在通常情况下，年龄较小的幼儿对自己的身体和如何移动身体的认识不如年龄较大的幼儿。幼儿的深度知觉是视觉的一个重要的组成部分，尚未完全发展。因此，年龄较小的幼儿比年龄较大的幼儿更经常地相互碰撞，并因跌倒而受到更多的轻伤。即使是年龄较大的幼儿，他们的视觉和本体觉也没有完全发育成熟。

清晰的“交通模式”有助于幼儿在教室里轻松地走动。对幼儿来说，能够看到并识别空间中的活动设置是非常重要的。独特而独立的区域可以清楚地传达空间中可发生的事情、材料如何被使用，以及可能发生的行为。如果区域之间的路径被清楚

地标识出来，那么对视觉过度敏感或缺乏良好的本体觉的幼儿就会知道该去哪里。例如，当幼儿进入教室时，有一个区域用于存放衣物并有签到表，那么他很容易就能理解在该区域会发生什么，他会把衣服放好并签到。

进入教室后，幼儿可以决定去哪里。在考察了各种可能性后，他可能会选择积木区。如果路径设计得合理，他就可以看到并移动到那个区域，而不会受到干扰或设备的阻碍。书架、格栅或低矮的墙有助于建立良好的交通模式，使孩子们能够轻松地从一个区域移动到另一个区域。

减少杂乱无章

许多幼儿园教室里充满了杂物。这通常是由于缺乏足够的存储空间和容器。教师把材料放在教室里，因为他们永远不知道什么时候会需要这些材料，而当没有时间储存和重新整理时，杂乱无章的问题就会越来越严重。杂乱无章的景象对患有感觉处理障碍的幼儿来说是视觉上的过度刺激。这些幼儿无法集中精力完成任务，因为他们的视觉注意力被杂乱的环境而不是活动所吸引。

减少杂乱的第一步是评估教室需求。要一次专注于教室里的

一个区域。你会使用什么？你需要储存什么？孩子们能找到这些物品吗？缩减材料可以更好地利用现有的存储空间，而更多并不总是更好。如果一件物品在两年内没有被使用过，那么它未来也不太可能被使用——评估它的用途，回收它，或者把它送人。一旦你确定要保留什么，就决定如何储存这些材料。要将材料存放在它们容易被使用的地方。沙水游戏材料（如铲子、滤网、水桶和模具），应该存放在靠近沙子和水桌的地方，以便孩子们可以很容易地拿到它们。

最好使用透明的存储容器，因为这样每个人都能看到里面的东西。给容器贴上标签，使其易于识别。找到吸引人的材料展示方法，并保持材料的有序性。在存储容器的选择上要有创意。试试篮子、陶器、装饰盒、罐子和鞋盒。把用途相似的物品放在一起。

有关"杂乱"的管理

1. 如果你没有看到它，你就不会使用它。
2. 把东西放在你需要它们的地方。
3. 每样东西都有一个位置。
4. 清楚地标明存放地点。
5. 如果它在两年内没有被使用过，它将很难再被使用。

展示幼儿的作品

考虑展示的作用。你希望人们看到什么？如何以清晰、有组织、有吸引力的方式展示？如果展示的是信息（如家长通知、菜单、时间表或活动），那么将其放在成人的视线高度会更合适。你可以将这种类型的展示物张贴在教室外、门上或走廊上。这种放置方式将减少患有感觉处理障碍的幼儿在教室里的视觉刺激。

你可以利用幼儿的艺术作品来庆祝所发生的学习。将你的展示物限制在最近完成的项目上。你可以交替展示，让每个幼儿都能看到自己的作品，但一次不能展示太多。

当展示艺术作品或照片时，要使用简单的背景，不要让人分心。记住，中性、纯色的背景最适合伟大的艺术作品。你也要考虑到背景的颜色。明亮、大胆的颜色可能会使幼儿的作品黯然失色。你可以用书柜来展示儿童的大型作品。为了减少视觉上的过度刺激，保持艺术品展示的简单和有序是必需的。

记录进展

记录有助于家长和其他来访者确定幼儿在参与任何活动时发生的学习。当记录一个正在进行的项目或其他活动时，可选择在教室里展示一些带有关键短语的图片。记录文件应该显示孩子们在整个过程中的项目工作。例如，如果班级正在进行一个与鸟巢有关的项目，那么记录应该包括幼儿参与研究的每个步骤的照片。这些步骤可能包括最初探索鸟巢，阅读与鸟巢有关的书籍，收集制作鸟巢的材料，以及制作鸟巢。你可以设置“文字墙”，包含孩子们在每个阶段中使用的实际词汇。

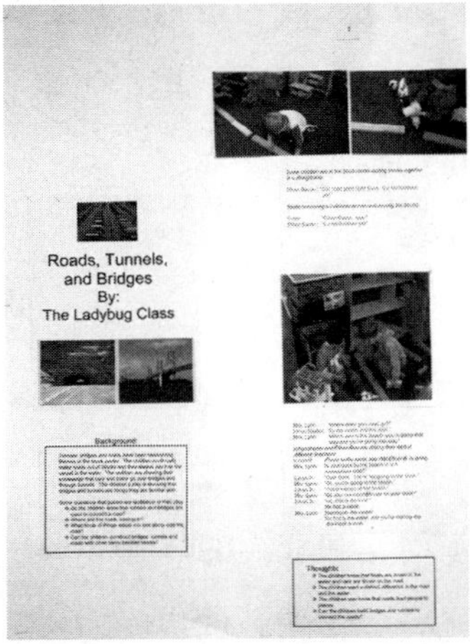

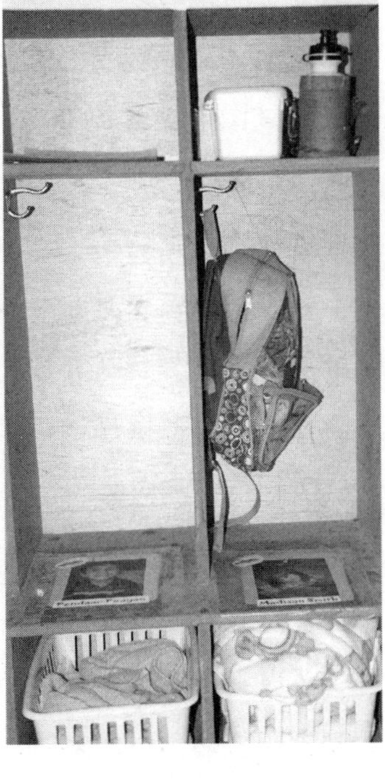

提供个人空间

幼儿所处的环境必须顺应他们的兴趣，包括对他们有意义的物品。孩子们喜欢收集熟悉和喜爱的物品，而且他们喜欢把这些东西放在自己的身边。要给幼儿一个地方来存放他们的特殊物品。通过这样做，孩子们可以帮助自己接受他们在特定时刻需要的感觉刺激。例如，幼儿可能需要把他的毛绒兔子从小隔间里拿出来，在他过渡到户外游戏之前给它一个坚定的拥抱。

听觉环境

幼儿园环境包含许多类型的听觉（声音）刺激，包括但不限于幼儿和成人的声音、音乐、物体的敲击声、电子玩具声和流水声。充满太多噪音的空间对一些幼儿来说是不堪重负的。持续的大声可能会使幼儿的听力变得不敏感，并降低他们对声音的辨别能力。

与嘈杂区域相隔的安静空间，可使幼儿摆脱过度刺激的听觉输入。试图避免大声喧哗的幼儿可能会躲在桌子底下或角落里，或者捂住耳朵。对某些声音过于敏感的幼儿会分心，无法专注于其他重要的课堂活动。

坚硬的表面（如地板砖、混凝土块和木制家具），会发出刺耳的声音。各种材料和技术可以软化声音，或将嘈杂的活动限制在教室里的某些区域内。例如，柔软的表面（如地毯、织物和带孔的天花板），可以吸收声音并减少混响。在嘈杂的幼儿园环境中，增加有垫子的家具、枕头和隔音板（见第六章的说明）可以吸收声音。这些方法都有助于减少幼儿的听觉受到过度的刺激。

可以在教室里设计一个安静的空间或学习区，当孩子们被听觉输入压得喘不过气来时，他们可以有一个安全的地方。安静的空间可以是一个纸板箱、帐篷或部分封闭的区域。它应该有柔软的材料，如豆袋椅（以小球等填充）、毛毯和枕头，以吸收声音。耳机和安静的、有节奏的音乐或白噪音可以淹没其他噪音。幼儿可以利用这个区域来集中注意力，准备重新融入教室内的活动。

音乐可以刺激幼儿的大脑发育，特别是视觉、运动和语言技能的发展。在早期教育环境中加入音乐是很重要的。然而，要注意为那些有听觉处理问题的幼儿适当地调整音量。要考虑到声音的强度和音乐的节奏，两者都会对幼儿的听觉系统产生影响。有稳定节拍和节奏的音乐（如进行曲、一些流行音乐和民间音乐），有助于幼儿感到警觉和集中注意力。节奏或速度不断变化的音乐（如爵士乐），可能会让人感到困惑和刺激过度。使用柔和的、有节奏的音乐，可以使幼儿平静下来，最好在休息时间使用。如果你能让每个幼儿对自己的感觉输入都有一种控制感，那么他们就能更好地应对这些感觉。有些幼儿不能忍受背景音乐，对其感到不知所措。然而，他们可能会喜欢一起唱一首歌。重要的是，要仔细观察音乐对患有感觉处理障碍的幼儿个体的影响，以确定播放音乐的时间和时机。

如果你能让每个幼儿对自己的感觉输入都有一种控制感，那么他们就能更好地应对这些感觉。

触觉（触摸）环境

幼儿园的触觉环境涉及各种各样的材料、质地、物体和触觉。在这个活跃的学习空间里，探索新材料是很平常的事。触摸有助于幼儿发展认知、运动和社会情感技能。通过触觉，幼儿有机会学习初级数学和科学概念，以及新的词汇和语言。触摸也是教师使幼儿在课堂上感到安全和安定的方法之一。教师可以握住幼儿的手，拍打他们的背部，并拥抱他们，以表达喜爱和关爱。

请记住，每个孩子都是一个个体。不同的幼儿想要不同数量和类型的触觉输入。例如，有触觉障碍的幼儿可能不希望被拥抱，或有新的触觉体验。当教师试图拥抱他时，他可能会转过身，或拒绝参加一些课堂活动。其他属于触觉寻求者的幼儿可能看起来希望有更多的触觉输入。他们可能会整天抓着教师不放，或弄得太脏。为满足所有幼儿的学习需求，教师有必要在课堂上提供机会，让他们用不同的方法来探索各种质地的材料并与之互动。

要使用各种材料来增加教室环境的质感。柔软的材料、地毯和枕头有助于让幼儿在教室里有家的感觉。要选择各种结实且可清洗的面料（如牛仔布、灯芯绒和棉布）制成的枕头。孩子们喜欢在地板

> 孩子们喜欢在地板上玩耍。在地板上铺设地毯，可以让孩子们在搭积木、哄宝宝睡觉或围坐时更加舒适。

上玩耍。在地板上铺设地毯，可以让孩子们在搭积木、哄宝宝睡觉或围坐时更加舒适。要选择对幼儿有吸引力的地毯，这样的地毯有有趣的纹理，并能确保幼儿在上面安全行走。不要选择有复杂图案或字母的地毯，因为这可能会在视觉上分散幼儿的注意力。

属于感觉寻求者的幼儿会喜欢可触摸的艺术品。感觉迟钝者则需要有机会触摸和与环境互动。幼儿可以制作挂在墙上的拼贴画。首先要选择具有不同质地的废旧材料。孩子们可以把这些材料剪成碎片，然后将其贴在一张大纸上。一定要给不同质地的材料贴上标签。你可以使用柔软、光滑、粗糙等词语，或者用织物的名称（如缎子、丝绸等）来标注。这幅拼贴画可以作为孩子们触摸的“感觉墙”。

使用坚定有力的触摸

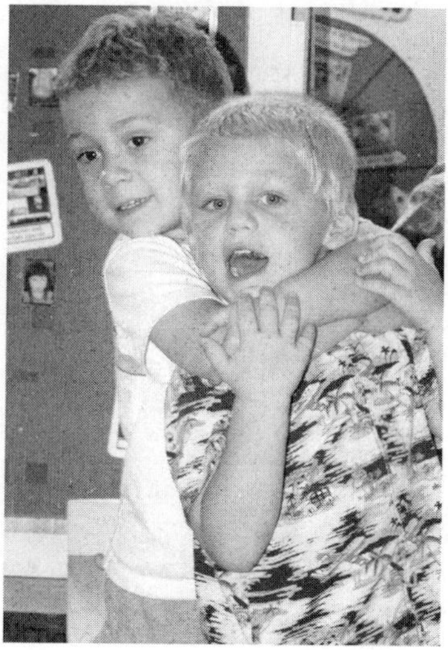

给予幼儿的触觉输入是非常重要的。幼儿的触觉辨别能力还没有完全发展。在大多数情况下，他们的大脑还没有准备好在闭上眼睛时分辨出羽毛和棉球的触感间的区别。比起轻柔的触摸，幼儿的大脑更容易理解坚定有力的触摸。

当你坚定地拍打或拥抱幼儿时，你是在给他一种坚定有力的触摸。这种类型的触摸是充满安慰的和舒缓的。大多数幼儿喜欢你在午睡时按摩或坚定地拍打他们的背部，而不是轻轻地抓挠或搔痒他们。事实上，幼儿的大脑有时会把轻柔的触摸理解为令人痛苦的事情，而不是愉快的触觉输入。人们喜欢按摩，因为它可以放松身体，让他们感觉更好，但他们不一定喜欢被“轻轻地挠”。

介绍触觉输入

一定要考虑幼儿的性情如何影响其对触觉体验的兴趣程度。例如，热身较慢的幼儿可能需要更多的时间和更详细的解释，才愿意触摸沙水桌上像雪一样的材料，而随和的幼儿则可能第一个把手伸进新的或不寻常的材料中。采用与幼儿性情相一致的方法向其介绍新的触觉体验，对所有的幼儿都有好处。

“先看后摸”是向幼儿介绍新质地的一个良好法则。如果幼儿是感觉回避者或感觉反应迟钝者，那么他最初可能对某种质地不感兴趣，而以后他可能会想触摸这种质地的材料。在开始时，你可以向孩子们简单描述活动的内容：“今天，我们要用胶水和沙子来作画。”你可以请那些直接进行体验的幼儿来描述材料带来的感觉：“玲，沙子是粗糙的，还是光滑的？”“安娜，胶水的感觉是怎样的？”接下来，要帮助那些不想马上参与的幼儿尽可能地感到安全。你可以说：“如果你只想看看，那么也没关系。当你准备好时，你可以触摸它。”这将为幼儿减轻一些压力，让他看到你理解他的感受。此外，这个选项给幼儿一种控制感。他可能当天就能触摸这种材料，也可能要准备三四次才能触摸。

当向一个害怕或感到不确定的幼儿介绍一种新质地的材料时，不要强迫他触摸这种材料。强迫幼儿触摸某种质地或材料，会让他觉得对自己的环境没有控制权。剥夺幼儿探索周围环境的自由，将不利于其自尊心的发展。相反，要温和地鼓励幼儿参与。更好的是让他觉得很有趣，以至于他真的想加入进来。然后，要有耐心。幼儿会按照自己的节奏参与。与其他大多数的感觉输入一样，如果幼儿能够控制输入，那么他们就会容忍触摸更多的质地和材料。

> 强迫幼儿触摸某种质地或材料，会让他觉得对自己的环境没有控制权。

“我触摸”（I Touch）中心

为了满足所有幼儿的需求，你可以提供开放式的学习中心。一个精心设计的中心可以让感觉寻求者有机会感受和触摸各种材料和质地，并让感觉回避者能够选择他们感觉舒服的触摸对象。“我触摸”中心是满足这些不同的个人触觉需求的一个场域。该中心通过提供独特的质地和材料，为幼儿提供发展触觉的体验。它还可以引导幼儿的自我意识，促进其更好地理解如何满足自己的触觉需求。

教师和家长可以为“我触摸”中心收集以下道具：

- 布料碎片，如毛皮、缎子、蕾丝、皮革、棉布、羊毛面料、牛仔布和灯芯绒的碎片

- 烹饪用品，如玉米淀粉和面粉
- 家用材料，如棉球、铝箔、保鲜膜和纱线
- 胶水和剪刀
- 彩色美术纸
- 扫帚、簸箕或小型吸尘器
- 沙水桌或塑料容器
- 浴帘或覆盖地板的塑料
- 橡皮泥
- 毛绒动物玩具

记住，幼儿先看后摸是可以的。不要强迫他们触摸或感受某种质地。你可以向孩子们介绍“我触摸”中心，通过在探索中获得乐趣和树立游戏榜样来引导他们的互动。观察他们的参与情况，并记录个别反应（如幼儿喜欢或不喜欢某些质地），以供将来参考。

对挑食者的帮助

许多患有感觉处理障碍的幼儿都挑食，对食物的喜好因人而异。一个幼儿可能只吃水果和肉类，另一个幼儿可能只吃油炸食品，还有一个幼儿可能只吃面包和奶酪。许多事情都会影响幼儿的饮食模式，涉及父母的榜样作用、社会经济水平、宗教和日程 / 时间等。通常，我们会忘记考虑幼儿的感觉处理系统和发展水平对其饮食习惯的影响。

幼儿喜欢自己的生活常规，他们是习惯的创造者。从本质上讲，幼儿很难尝试他从未见过或被提供过的新食物。平均而言，一个新食物在他的盘子里放置 20 次，他才会吃。因此，要不断地把食物放在幼儿的盘子里。最后，他可能真的会尝到它的味道或吃掉它。

幼儿也喜欢在品尝之前先触摸。要让幼儿探索新的食物。你可以每周在课程中加入对一种食物的研究。例如，本周集体研究西蓝花，阅读有关蔬菜生长的书籍，称一称西蓝花的重量，谈论西蓝花的质地和颜色，并在区域活动时间完成一张“喜欢西蓝花”或“不喜欢西蓝花”的孩子的图表。将生西蓝花放在园艺区或生活区，也为幼儿提供了探索食物的机会。诸如此类的综合活动使幼儿在食物被放进他们的盘子之前，就能对这种食物更加熟悉。

前庭觉（运动和平衡）环境

有些幼儿在教室内外寻找具有挑战性的运动机会，而其他幼儿则比较谨慎，拒绝参加一些运动活动。教室应提供广泛的运动体验，以满足所有幼儿的前庭觉需求。有的幼儿害怕做任何需要脚离开地面的活动（如荡秋千或攀爬）。因此，提供一些不需要幼儿的脚长时间地离开地面的活动是有帮助的。这些活动可能包括跑步、单脚跳、跳绳、打滚、玩降落伞，以及玩“我说你做”游戏。

轮换活动

幼儿是积极的学习者。他们通过移动和探索具体的环境来学习。幼儿一般最多可以安静地坐 15 分钟。过了这个时间，他们就会开始移动、扭动、蠕动、把他们的手放在邻座的小朋友身上等。

当你要求幼儿坐的时间过长时，就会导致幼儿出现不恰当的行为和丧失注意力。一天的日程安排应该包括活跃和安静的学习机会之间的轮换。

一日常规示例		
8:00—8:30	欢迎—自由选择	活跃
8:30—09:00	精细动作或日志写作	安静
09:00—09:20	晨会时间 / 早晨的圆圈时间	安静
09:20—09:40	点心 / 如厕时间	
09:40—10:40	区域活动时间	活跃
10:40—11:00	圆圈时间	安静
11:00—11:30	户外 / 室内运动游戏	活跃
11:30—12:00	午餐 / 如厕时间	
12:00—14:00	休息	安静
14:00—14:20	点心 / 如厕时间	
14:20—15:20	区域活动时间	活跃
15:20—15:40	反思 / 总结	安静
15:40—17:00	户外游戏	活跃

安静和活跃交替的时间给幼儿提供了重要的前庭觉输入机会。寻求前庭觉输入的幼儿需要在一天中获得更多的大肌肉运动机会。当寻求前庭觉输入的幼儿得到足够的前庭觉输入时，他就能在安静的时间段（比如圆圈时间和教师指导的活动时间）里更加专心。

所有的幼儿都是通过运动和与世界的互动来学习的，最好是在一天中给予他们固定的活动时间。但是，前庭觉回避者或反应迟钝的幼儿需要温和的鼓励来获得大肌肉运动体验。

提供运动机会以满足所有幼儿的前庭觉需求的一个方法是，在教室里设立一个大运动区。室内的大运动区能够为幼儿提供选择其需要的前庭觉输入类型的机会。这也将帮助他们了解和控制自己的身体。

大运动区

教师和家长可以为大运动区收集的道具：

- 地垫或毛绒地毯
- 各种尺寸的软球
- 平衡木
- 不易碎的镜子

- 毛毯
- 纸箱
- 呼啦圈
- 儿童尺寸的摇椅
- 地毯卷（见第六章的说明）

大运动区将促进幼儿的大运动发展，包括力量、协调、平衡和灵活性。该区域还为幼儿提供了接受前庭觉输入的积极方法。

本体觉（身体意识）环境

本体觉告诉我们身体的肌肉、关节和部位在做什么，处于什么位置。幼儿需要功能良好的本体觉和触觉，才能有足够的身体意识。本体觉影响幼儿动作的协调和时机。幼儿教师必须提供促进幼儿身体意识的活动，因为它不仅影响幼儿在大肌肉运动（如接球和跑步）中的技能水平，还影响幼儿的精细动作（如写字和用剪刀剪纸）。

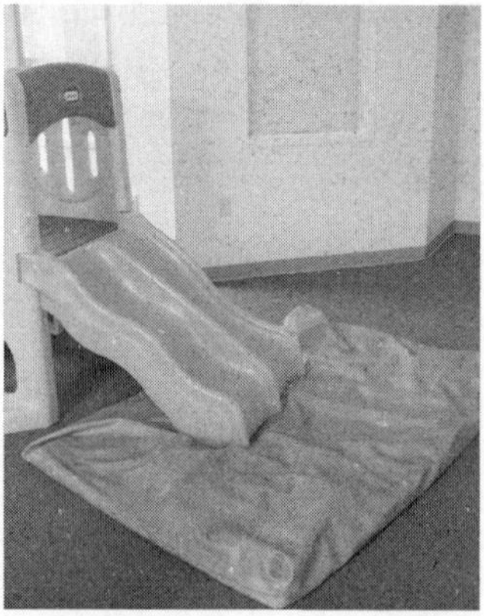

本体觉不发达的幼儿在学前阶段的日常运动（如走路、爬楼梯、跑步和跳跃）中会有困难。身体意识发展不良的幼儿可能写不好字，并在操作小物件（如穿珠子或堆放

小积木）时遇到困难。

繁重的工作活动

全天为幼儿提供繁重的工作活动，将有助于提高他们的身体意识。对许多幼儿来说，参加繁重的工作活动有助于他们组织自己的思维，保持注意力，并对他们在课堂活动中保持注意力产生积极的影响。

让幼儿从事繁重的工作活动的一个方法是增加阻力。你可以为艺术活动选择较难操作的材料，如手指画颜料、黏土或肥皂泡沫。对于绘画活动，可让幼儿用粉笔在砂纸上画画或在沙子上写字。你可以提供蜡笔或铅笔，与使用马克笔相比，幼儿需要用更大的力量来使用蜡笔和铅笔。你还可以在绘画表面或书写工具上添加纹理。这使幼儿的手指有更多的动作，并向大脑发送更多的信号，从而增强幼儿的本体觉。

另一个增加工作量的简单方法是，使用垂直表面进行艺术创作和绘画。这可能包括让幼儿在黑板或画架上画画，或者你也可以把纸贴在墙上以供幼儿绘画。你可以制作或购买斜面板（见第六章的说明），将其放在桌子或地板上，以用作不同的书写或绘

画表面。垂直的表面便于幼儿使用整个手臂进行绘画或书写，这对孩子来说是一项繁重的工作。

幼儿可以参加许多有趣的活动，但这些活动本身就是繁重的工作活动。在户外游戏设施上进行的大多数活动都是重体力劳动，包括攀爬、跳跃和荡秋千。其他大肌肉运动（如翻滚、单脚跳、双脚跳、扔和接球、挖沙子和玩骑乘类玩具等），也是有阻力的活动，能够增加幼儿的本体觉。

请记住，上述一些活动既可以在室内进行，也可以在室外进行，并且有助于幼儿组织思维和保持警惕。让幼儿在开展安静的活动之前参加繁重的工作活动特别有用。例如，你可以让孩子们在开始圆圈时间前（在围成圆圈的路上），随着进行曲“前进”，并用力跺脚。

所有的幼儿都可以从基于其感觉处理需求而精心设计的教室中受益。对教室进行简单的整改（如改变灯泡或增加一个图文日程表），可以大大改善幼儿在教室里的日常参与。下一章将指导你利用你对感觉处理技能的发展性认识，来应对有感觉处理障碍的幼儿的需求。

第四章

对感觉处理障碍幼儿的帮助

调整环境

当你对幼儿的感觉统合能力有了进一步的了解后，你会发现大多数幼儿至少在一个感觉领域（视觉、听觉、触觉、前庭觉或本体觉）有轻微的问题。有些幼儿可能在至少一个感觉领域有明显的困难。如果这个问题对他们的日常生活有负面影响，那么他们可能会被诊断为感觉处理障碍。患有感觉处理障碍的幼儿将无法在幼儿园环境中有效地参与和学习。无论幼儿最终是否被诊断为感觉处理障碍，还是只有一些轻微的感觉问题，你都应该对幼儿园环境进行调整。

下面的内容提供了一些易于使用的方法，可以使幼儿在幼儿园里更加积极、有效和表现恰当。这些建议需要一个成年人的直接监管。你必须特别考虑到每名幼儿的具体感觉需求；不是每个建议对每个幼儿都有效，其中一些方法或调整对某些幼儿来说可能太有挑战性。在实施这些建议之前，请与幼儿的职业治疗师和家长讨论这些建议。

在对环境进行改造后，可能需要几周或几个月才能看到幼儿的变化。你可能想一次只改变一件事；如果环境中的变化太多，这将很难确定什么对幼儿有影响。等两三周后，你可以重新评估幼儿的课堂表现。你是否看到幼儿对感觉输入的反应有变化？你是否看到幼儿的行为有变化？如果你没有看到改善，请尝试不同的调整。如果你仍然没有看到积极的变化，那么就联系幼儿的治疗师和家长。

感官饮食

感官饮食是治疗师为满足感觉处理障碍幼儿的感官需求而制定的活动方案。感官饮食的目的是帮助幼儿在自己的世界里更好地发挥作用。治疗师会专门设计活动，帮助幼儿在日常任务中更加专注和熟练（Wilbarger & Wilbarger，1991）。

如果你班上的幼儿正在接受专业治疗，以解决感觉处理问题，那么他也可以被提供感官饮食。感觉寻求者比大多数幼儿需要更多的感觉输入，他们会试图以任何方式得到它们。感觉反应迟钝者也需要感觉输入，但他们不知道如何获得这种输入。感官饮食包括触觉、前庭觉（运动和平衡）或本体觉（身体意识）活动。感官饮食能够为幼儿提供其渴望的感觉输入，或者以最适当的方式为幼儿提供其需要的感觉输入。感官饮食还可能包括使幼儿平静或帮助其集中注意力的活动。

> 感官饮食的目的是帮助幼儿在自己的世界里更好地发挥作用。

案例研究：赖利

赖利是一个 4 岁的男孩，被诊断为发育迟缓。他参加了一个公立幼儿园的课程。他是一个感觉寻求者，经常撞到其他幼儿，奔跑着撞到墙上，并摔在地上。他每天午餐时至少会从椅子上摔下来一次。他吃东西时弄得很脏乱，会把食物塞满自己的嘴。赖利在圆圈时间和午睡时间会在地上打滚。虽然他还没有与同龄人建立良好的关系，但他是一个非常有爱心的孩子，他会给教师一个大大的拥抱，也会尝试拥抱其他孩子。他在操场上对付其他男孩时特别粗暴。

为学校系统工作的职业治疗师与赖利的老师合作，为赖利准备了一种感官饮食，以供他在幼儿园里使用。这种感官饮食的目的是给赖利提供他所寻求的感觉输入，它使用了提供繁重工作的原则，帮助赖利在一天中都参与适宜的活动。

赖利的感官饮食示例

下面的活动旨在帮助赖利完成繁重的工作活动。这些方法有助于减少赖利不恰当的感觉寻求行为，比如撞到其他孩子和在地板上打滚。如果每天使用一两个活动，效果会最好。要让赖利交替进行繁重的工作，这样他的感觉系统就不会对此感到厌倦而停止工作。3 个月后，我们（职业治疗师和教师）将重新评估赖利的需求并改变感官饮食。

赖利的感官饮食：

- 在赖利的书包里放几本精装书，增加背包的重量。赖利应该背着他的书包（在两个肩膀上）从车上进入幼儿园。
- 让赖利在教室里担任正式的“清洁先生”。这项工作可以包括擦拭桌子，把椅子抬到桌子上，或者用吸尘器吸地板。
- 在圆圈时间、点心时间或午餐时间（任何他需要静坐的时间）之前，让赖利在房间里运动，像兔子一样跳，像狮子一样爬，或者像大象一样跺脚。

- 在圆圈时间、点心时间或午餐时间（任何他需要静坐的时间），给赖利一个沙枕（见第六章的说明），让他把沙枕放在腿上。
- 在大运动区放置一个迷你蹦床。允许赖利每小时跳5分钟。
- 让赖利帮助你整理图书区的书架，或者把书从幼儿园的图书区搬到教室里。
- 在大运动区放置一个缓冲垫（见第六章的说明），让赖利在上面碰撞或打滚。
- 在午餐时间和点心时间给赖利吃耐嚼的食物。健康的耐嚼食物包括面包圈、干果、奶酪条和水果干。
- 让赖利用一辆“大货车”拉着另两名幼儿，往返于午餐室或操场。
- 在休息的时候，把赖利裹在一个大被子里（就像一个玉米煎饼）。

良好的感官饮食计划是在仔细考虑幼儿园环境的情况下制订的。作为幼儿教师，你对幼儿的感觉需求的投入是很有价值的。与他们的父母和治疗师合作，是提供有效的感官饮食的关键。幼儿的感官饮食偶尔需要调整。如果你不调整幼儿的感官饮食，那么他们可能会适应已有的感觉输入，感官饮食将不再有效。教师和家长之间的定期沟通，有助于根据幼儿的需求对感官饮食进行更新或改变。

使人平静的和有组织的活动

使人平静的、有组织的活动能够帮助幼儿减少感觉输入的过度刺激。这些活动对容易被某些感觉影响而不知所措的感觉回避者最有用。这些活动可以在课堂上使用，以帮助所有的幼儿变得更加专注和为学习做好准备。这些活动有助于防止幼儿受到过度刺激，并且可以帮助你应对幼儿可能用来避免感觉输入的负面行为，如身体攻击、语言攻击、哭泣或躲藏。

使人平静的和有组织的活动包括以下内容。

- 从事繁重的工作活动，如跳跃、翻滚、攀登、推拉物体、动物式行走、接球和投掷重物。
- 吃耐嚼的食物，如干果、燕麦片、奶酪条或块、百吉饼或口香糖。
- 听巴洛克音乐或其他有节奏的音乐。
- 使用典型的常规安排的图文日程表（见第六章的说明）。
- 用吸管喝浓稠的液体。
- 在摇椅上摇晃或摇摆。
- 用力揉背或拥抱。
- 闻使人平静的气味（如香草味）。

提醒性活动

提醒性活动可以被用来帮助那些认为感觉输入刺激不足的幼儿。这些活动适合需要更多的感觉输入，以保持警惕和意识到周围环境的幼儿。在幼儿出现困倦、昏昏欲睡或不感兴趣的情况下，使用这些活动是最有益的。它们也可以用来防止幼儿注意力不集中。

提醒性活动包括以下内容。

- 有或无音乐的运动。
- 吃松脆的食物，如生蔬菜、椒盐卷饼、饼干或爆米花。
- 喝冷饮、吃冷的或辛辣的食物，如冰棒或萨尔萨辣酱（墨西哥菜肴中常用的烹调料，一般用番茄和辣椒制成）。
- 在一个大的运动球上弹跳。
- 闻令人清醒的气味，如薄荷味。
- 在蹦床上跳动。

给有视觉处理问题幼儿的建议

有视觉处理问题的幼儿很难理解视觉信息。这可能会导致他们寻找更多的视觉输入，或者避免视觉输入，抑或对视觉输入没有反应。如果这些幼儿要发挥他们的学习潜力，那么他们就需要视觉环境有所改变。有视觉处理问题的幼儿必须接受正确类型和数量的视觉输入，以便他们能够专注于学习。环境的改变可能包括改变照明,减少教室里的装饰,并为他们提供更合适的视觉刺激。

视觉回避者

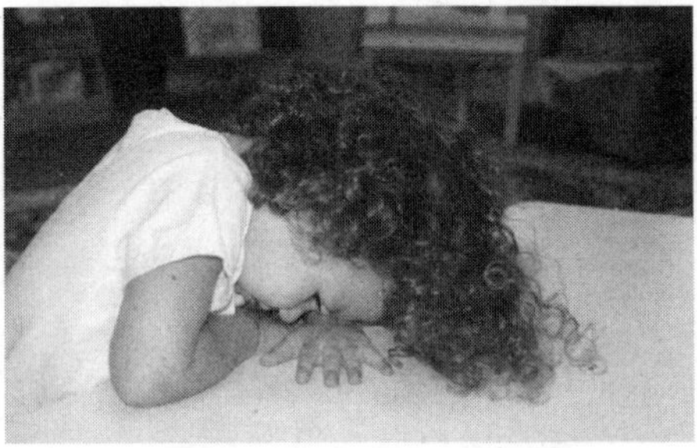

视觉回避者对视觉输入反应过度，这些视觉输入涉及杂乱的环境、高对比度（黑色和白色）、明亮的灯光和闪烁的灯光。有些视觉输入会让视觉回避者感到痛苦，导致他闭上眼睛或看向别处。为了帮助幼儿保持视觉注意力，可以允许他在教室内外都戴上太阳镜。有些幼儿可能喜欢戴帽子或遮阳帽。这些方法可以减少对幼儿眼睛的眩光。

教师可以通过减少视觉输入来改善教室环境。减少教室里明亮的灯光（比如荧光灯），对视觉回避者有一个整体的镇静效果。使用落地灯和台灯，而不是顶灯，在视觉上对所有的幼儿都不那么具有压迫感。使用床单或织物来覆盖开放的书架，可以减少玩具或物品所带来的视觉干扰。

要减少视觉回避者所处空间的杂乱和高对比度。例如，不要把幼儿的名字贴在桌子上，而应给他一个干净的工作区，用无花纹的、浅色的纸覆盖他的工作区，以减少眩光和视觉对比。一张用于绘画或书写的白纸，对幼儿来说是最容易应对的。让幼儿经常休息一下眼睛，在他从事容易视觉疲劳的活动时，每隔几分钟让其闭上眼睛。

视觉寻求者

视觉寻求者似乎比一般幼儿渴望更多的视觉输入。他可能会盯着一闪一闪的日光灯看，或者站在窗前用手指反复摩擦百叶窗。

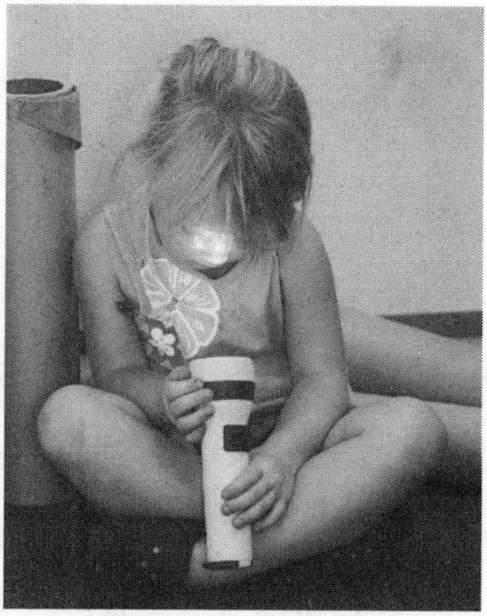

防止凝视行为或对视觉输入的痴迷是最好的选择。教师可以通过在幼儿的日常生活中增加额外的视觉输入来满足他的视觉渴求。这可以通过提供感官饮食来实现，要给幼儿提供足够的视觉刺激，使他能够专注于其他课堂活动。例如，可以提供一个彩色的手电筒，供幼儿在游戏时使用，这样在圆圈时间里他可能会专注于你和日历，而不是荧光灯。

视觉反应迟钝者

对视觉信息反应迟钝的幼儿需要大量的机会来发展他们的视觉感。这种幼儿需要你的鼓励，让他获得适合其发展的视觉体验，如画画、粘胶、剪纸、写字和看书或其他印刷品。在提出要求之前，一定要寻求幼儿的直接眼神交流。要使用积极和直接的表达，如："考利，过来和我们一起画画！"

考虑如何促进适当的视觉输入，同时促进视觉反应迟钝者掌握其通常缺乏的社交技能。教师可以选择一个特别善于社会交往的幼儿，他可以引导视觉反应迟钝的孩子。请这名幼儿做视觉反应迟钝幼儿的"伙伴"或"帮手"，然后鼓励他们一起做项目。

给有听觉处理问题幼儿的建议

在听觉处理方面有问题的幼儿能够听到声音，但他们的大脑处理声音的方式不正确或不充分。对于其中一些幼儿来说，日常的噪音可能会让他们不堪重负，而另一些幼儿则不断地寻找响亮的声音和噪音。一些有听觉处理问题的幼儿似乎听不到某些声音或噪音，特别是当这些声音是连续的（比如背景音乐）时。听觉信息的处理对于语言、社交和情感技能以及认知技能等非常重要。对幼儿园环境的简单调整会对这些幼儿的发展产生重大影响。

> 听觉信息的处理对于语言、社交和情感技能以及认知技能等非常重要。

听觉回避者

听觉回避者很容易受到听觉信息的过度刺激，他们可能会通过把手放在耳朵上、躲起来或逃跑来回避声音。某些声音（如警报器或吸尘器的声音），实际上可能会让这个幼儿感到痛苦。如果你知道教室里会出现令人不安的声音，比如一天结束时的放学铃声，那么最好事先让幼儿做好准备，说：“迈拉，两分钟后，铃声会响。”然后，让幼儿去一个安静的地方（如私密空间或洗手间），以远离声音。

许多听觉回避者对人群的噪音特别敏感。在教室里，区域活动时间的噪音水平可能会大大增加。在吵闹的时候，让幼儿戴上耳塞、耳机或耳罩可能会有帮助。虽然幼儿仍然会听到直接的对话，但整体的噪音水平会有所降低。幼儿不应该一整天都戴着耳塞，否则他的耳朵会适应外界的声音，耳塞就不再起作用了，甚至柔和的声音也可能开始过度刺激孩子。

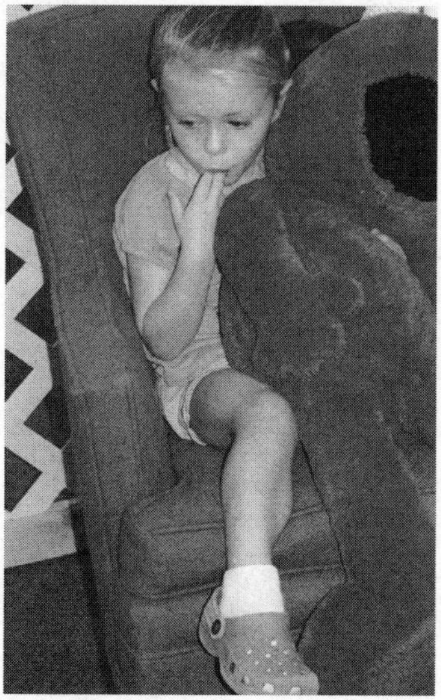

在教室里，可以用地毯、毛毯、枕头和布料来吸收声音。一些声音（如日光灯的吱吱声、鱼缸里的气泡声和空调的嗡嗡声），可能会分散幼儿的注意力；你可以考虑让他的座位远离这些声音，让幼儿坐在远离门或窗户的桌子旁。来自走廊或操场的噪音，可能会将幼儿的注意力从课堂活动中转移。不要在教室里大声说话。记住，这可能会伤害幼儿的耳朵。

允许幼儿接触最喜欢的安慰物（如毛绒动物或毯子），可能是有用的。逃避听觉信息的幼儿可能需要用这个安慰物来安抚自己。试着给幼儿一个坚实的拥抱，帮助他整理大脑；让他有时间恢复平静，并在准备好时重新进入课堂活动。

听觉寻求者

寻求听觉刺激的幼儿在嘈杂的环境中茁壮成长，渴望获得过多的听觉输入。这类幼儿喜欢把音量调高、调高、调高！他甚至会把扬声器放在耳朵旁边。他可能会大声说话和唱歌，难以使用他的“内心声音”。这个幼儿的大脑需要比一般幼儿有更多的声音和噪音输入。最好的方式是为听觉寻求者提供能够满足其需求的听觉输入，但不会分散其学习时的注意力。

要提供在音乐中心使用的耳机。鼓励幼儿在操场上或在区域活动时间使用耳机听他喜欢的音乐。要提供能发出声响的材料，供幼儿在艺术区使用，这些材料包括玻璃纸、报纸和气泡膜。这些改变可以促进幼儿的发展，并为其提供听觉输入。将幼儿安置于远离门口或窗户的座位上，可以减少他对教室外的噪音的注意。在圆圈时间，要确保幼儿坐在你的旁边，这样你可以帮助他关注你的声音，而不是其他幼儿发出的声音。

听觉反应迟钝者

听觉反应迟钝的幼儿可能看起来对教室里的常见声音毫无知觉。他可能对你的要求做出不一致的反应。如果他有反应，那么他的反应可能是缓慢的和安静的。当有持续的背景噪音（如空调声或安静的、有节奏的音乐声）时，这个幼儿将特别难以注意到你的声音。当环境混乱时，听觉反应迟钝的幼儿会倾向于对声音做出更适当的反应。声音的变化往往会激活他的感觉系统来做出反应。

在晨间的圆圈活动或小组活动中，把这个幼儿安排在你的身边可能会有帮助。当你和他说话时，尽量改变你的音量，并使用感叹的语气。你也可以把听觉反应迟钝的幼儿安排在一个健谈的幼儿旁边，他将寻求适当的反应。在选择音乐时，要选择慢歌和快歌的组合，这样的声音才不会让这个幼儿感到无趣。

给有触觉（触摸）处理问题幼儿的建议

幼儿园里充满了触觉体验，如玩橡皮泥、颜料、沙和水、积木和乐高。如果幼儿的大脑不能有效或适当地处理这类信息，那么他们可能无法与触觉材料进行适当的互动。一些有触觉处理问题的幼儿，可能会对幼儿园教室里常见的纹理或材料表现出极端的情绪或过度反应。一些幼儿似乎渴望触摸体验，将物体放入口中，在身体上摩擦物体的纹理，或者弄得过于凌乱。还有一些幼儿似乎完全不知道其所处环境中的质地和温度。这三种类型的触觉处理障碍都需要在学前教育环境中进行调整，以便满足幼儿的学习需求。

触觉回避者（触觉防御症）

触觉回避可能是幼儿身上最容易识别的感觉处理障碍。对触觉输入反应过度的幼儿不愿意弄得一团糟，可能会避免接触胶水、手指画、橡皮泥或沙子等。他可能非常挑食，对自己的衣服非常挑剔。回避触觉的幼儿不善于和其他孩子玩，主要是因为他不喜欢光或意外的触摸。

当向回避触觉的幼儿介绍纹理或混乱的活动时，要做到以下几点。

- 向幼儿解释将要发生的事情。
- 允许幼儿坐着观看。
- 示范与不同材料的游戏性互动。
- 要有耐心。不要强迫幼儿触摸材料。

帮助回避触觉输入的幼儿的一个方法是，防止意外的触碰。有触觉防御性的幼儿经常会对其他幼儿动手，或者在排队行走时变得愤怒或流泪。这是因为他从其他幼儿那里得到了意外的触碰，他的大脑将其标识为痛苦或威胁。通过让幼儿做队伍的领头人或走在队伍的最后，可以减少其负面行为。你还可以将幼儿安置在桌子的最前面，而不是其他幼儿的旁边。这些方法可以减少触觉回避者被其他幼儿意外触碰的风险。

要事先告诉幼儿将有触摸发生。例如："我要帮你扣上你的外套。"通过这样做，你将帮助幼儿预测，并让他的感觉系统为触摸做好准备，而不是让他感到惊讶，并产生不良反应（比如推开或跑开）。当触摸这个幼儿时，要用力地触摸，因为轻柔的触摸对回避触觉的幼儿来说是令其烦扰的。这个幼儿需要被用力地触摸，他的大脑才能做出恰当的反应。因此，他可能会接受给教师一个热烈的拥抱，但他不喜欢被教师轻轻地拍一下。

回避触觉输入的幼儿在主动接触时表现会更好。要让幼儿对触觉环境有一种控制感，让他知道自己可以决定是否和何时参与。允许回避触觉的幼儿先看后摸，而不是强迫他去摸。

要一次只介绍一种触觉输入，因为对有些幼儿来说，同时处理两种新感觉是比较困难的。因此，不要让回避触觉的幼儿光脚踩进彩绘颜料，然后走过人行道；这对有触觉防御的幼儿来说是过度刺激。要考虑周围环境中的感觉输入，而不仅仅是触觉体验。为了使幼儿有最好的机会获得触觉体验，要让外部环境的刺激性降低。你可以将灯光调暗，关闭顶灯，或使用台灯，并通过关闭音乐和使用安静的声音来减少听觉输入。

大多数触觉回避者自尊心低下，社交能力有限；他们不喜欢靠近其他幼儿，因为他们害怕被触摸。这些使他们无法与同龄人建立关系。为了促进幼儿的社会性发展，教师可以在课程中包括有关触摸的信息。你可以先谈论不同类型的触摸，使用幼儿喜欢的词语，如“温暖的绒毛”和“冰冷的刺”。每个人对触摸的感觉都不一样，有些幼儿不喜欢被触摸，而有些幼儿则喜欢被触摸。你可以决定为触摸制定一个班级规则，例如“触摸前先问问”。

> 大多数触觉回避者自尊心低下，社交能力有限；他们不喜欢靠近其他幼儿，因为他们害怕被触摸。

触觉寻求者

寻求触觉刺激的幼儿会寻找触碰的感觉，看起来好像他的手什么东西都要摸，什么人都要摸。这种幼儿可能会把东西放进嘴里，并喜欢摩擦和摆弄玩具与材料。触觉寻求者似乎没有个人空间意识，可能整天都在摸你或贴在你的身上。

寻找提供适当触摸的方法。这个幼儿可能受益于感官饮食，包括每天有定期的触觉输入。例如，你可以给幼儿一些葡萄干或其他有嚼劲的食物，而不是玩具，以在他的嘴里提供触觉输入。当幼儿坐着的时候，提供一个有纹理的毯子或枕头，让他在腿上摩擦、触摸和抱着。这可以防止他触摸旁边的幼儿。你可以在圆圈时间使用正方形的地毯

来帮助他识别自己的空间，并给他一些可以触摸的东西。

寻求触觉刺激的幼儿可能需要一个有质感的东西并在白天随身携带。你可以用钥匙链把小玩具系在他的皮带环上，或者把东西放在他的口袋里。提供一些有质感的物品可能是有益的，包括一个小的橡胶球、打结的绳子、塑料淋浴环、一块有质感的织物或其他小的操纵物。要定期更换物品，以免幼儿对其感到厌烦。如果他对触摸某物品不感兴趣，那么它将不再是一个有用的触觉来源。在使用有质感的物品时要制定规则，例如“小毛巾要放在你的口袋里”。

许多幼儿很难理解个人空间，这是一个重要的概念，有益于形成良好的社会技能。幼儿在交谈时经常会离得很近，或者在午餐桌上几乎是一个挨一个地坐着。对触觉寻求者来说，培养个人空间意识尤其具有挑战性。教师可以通过向幼儿提供身体暗示，帮助他们认识到个人空间。例如，你可以说：“把你的手臂张开，延伸到最远的地方。现在，转一圈。这是你的个人空间。”你还可以要求孩子们站在一张报纸上或呼啦圈内，以提供一个物理边界（这也可以作为个人空间），并要求孩子们在个人空间内彼此交谈。

触觉反应迟钝者

一个对触觉输入反应迟钝的幼儿需要很多鼓励才能获得触觉体验。要尽可能多地利用机会来触摸幼儿。例如：你可以在每次与触觉反应迟钝的幼儿说话时触摸他；在休息时间拍拍或揉揉他的背；在去洗手间或操场的路上，请他握住同伴的一只手；推他荡秋千或骑玩具。这些适当的触摸将有助于为他提供感觉系统需要的触觉输入。

要为这种幼儿提供许多触觉体验，然后鼓励他进行互动。你可以将触觉反应迟钝的幼儿安排在一个有创造力和社交能力的同伴身边，然后提供能够刺激幼儿操作工具和材料的活动。在各种纸或其他材料（如砂纸、报纸、气泡膜、麻布或灯芯绒）上按手印或脚印，对反应迟钝者来说是很有趣的和有刺激性的。用黏土、橡皮泥、肥皂泡沫、泡沫塑料或其他材料制作雕塑，是促进触觉输入的一种开放性方式。

给有前庭觉（运动和平衡）处理问题幼儿的建议

有前庭觉处理问题的幼儿，在接受和应对有关平衡、重力和空间运动的信息方面有困难。这类幼儿大多动作不协调，经常跌倒，或难以学习适合其发展的运动技能（如跑、爬或跳）。他们可能姿态不佳，在座位上耷拉着脑袋。其中有些幼儿会避免运动，并容易出现晕动症。另一些有前庭觉处理问题的幼儿需要过量的运动，以使他们的大脑有意义地处理输入的信息，所以他们看起来总是在不停地走动。前庭觉寻求者、前庭觉回避者和前庭觉反应迟钝者需要“恰到好处”的运动输入量，这样他们才能专注于学习活动。

前庭觉回避者

前庭觉回避者不喜欢大多数运动体验。这种幼儿不喜欢游乐场的设施，希望把脚放在地上。相反，他可能会被发现在沙子或泥土中玩耍。他可能很容易晕车，早上需要额外的时间在开始一天的工作前感觉好一点。回避前庭觉的幼儿往往笨手笨脚，不和其他幼儿一起参加大肌肉活动，而且可能因为害怕移动而显得懒散。

许多前庭觉回避者对过多的前庭觉输入表现出明显的负面生理反应，这就是他们必须接受已受感觉统合训练的职业治疗师的干预的原因。当幼儿达到前庭觉的极限时，注意一些信号是很重要的。与其他类型的感觉处理障碍一样，最好是防止过度刺激。

如果你注意到以下任何一种信号，那么就表明幼儿可能受到过多的前庭觉刺激，请停止运动性活动：

- 出汗或发冷
- 面色苍白或脸通红
- 头痛
- 恶心
- 兴奋或过度地咯咯笑
- 哭泣
- 昏昏欲睡

> 千万不要强迫幼儿进行对他来说难以承受的运动，要让幼儿成为你的向导。

当你与回避前庭觉的幼儿一起工作时，你必须确保承认幼儿的情绪。当遇到具有挑战性的运动体验时，他们通常会有恐惧或愤怒的反应。如果幼儿不愿意爬上滑梯的台阶，你可以安慰他说："我看得出，爬这些台阶对你来说很可怕。"千万不要强迫幼儿进行对他来说难以承受的运动，要让幼儿成为你的向导。幼儿需要在自己所处的环境中感到安全，然后才可以尝试新的运动体验。

一个回避前庭觉的幼儿将更有可能参与他可以控制的运动活动。在教室内外提供安全的运动机会将鼓励幼儿参与。不要把幼儿推上秋千，除非他要求你这样做。你可以先温柔地建议幼儿坐在秋千上。随着时间的推移和你的鼓励，他可能会开始自己荡秋千，因为他可以控制运动量，当他觉得舒服时，可以增加运动量。

前庭觉回避者往往对脚离开地面的活动感到不安。要提供运动体验，让幼儿把脚放在地上。例如，把户外的秋千放低，让幼儿的脚可以接触地面。前庭觉回避者在进行对角线或环形运动之前，可以先进行直线、前后或侧向的运动。当你坐在汽车的后座上时，你可能会有这样的体验：当车子在州际公路上行驶时，你感觉很好，但当车子在蜿蜒的山路上行驶时，你就会感到恶心。有时，骑乘类玩具和手推类玩具对前庭觉回避者来说是安全的和可接受的，因为它们提供直线运动。

前庭觉寻求者

前庭觉寻求者总是在移动，通常是全速前进。这类幼儿通常被认为是不惧怕参加任何运动活动的"冒失鬼"。他经常会受伤，并且很难坐稳。在坐着的时候，他会不断地躁动、摇晃或摆动。在区域活动时间，他在各区域之间快速移动，很难与同伴一起参与社会性和戏剧性的游戏活动，因为他不会在一个地方停留很长时间。

前庭觉寻求者的感觉阈值很高。他需要大量的运动才能得到满足，并能坐稳。他需要额外的前庭觉输入来帮助大脑组织信息并准备好学习。

你可以使用充满运动和平衡活动的感官饮食，为前庭觉寻求者提供必要的前庭觉输入。最适合他们的环境是在教室内外有许多运动的机会。如果这些活动被定期提供给幼儿，并在一天中间隔进行，那么活动效果最佳。一些适合幼儿的运动机会包括以下内容：

- 在轮胎秋千（见第六章的说明）上旋转或坐着转；
- 在一个大运动球上保持平衡或弹跳；
- 玩骑乘类玩具，如三轮车、自行车、滑板车和大轮车；
- 摇摆；
- 转呼啦圈；
- 奔跑和跳跃到缓冲垫上（见第六章的说明）；
- 在迷你蹦床上跳动；
- 翻滚或向前翻（尤指下坡时）；
- 玩“玫瑰花环”（一个围成圈转并做动作的游戏）或“变戏

法”（一个跟随音乐做动作的游戏）等游戏。

在日常生活中交替进行活跃和安静的活动，防止幼儿表现出消极的前庭觉寻求行为。与其依次开展圆圈活动、吃午餐和午睡，不如在圆圈活动后进行区域活动。在要求幼儿静坐之前，要向他提供适当的运动体验。例如，你可以让寻求前庭觉的幼儿在参与圆圈活动前先转 10 圈。你可以为幼儿做好过渡准备，以帮助其进入下一个活动：“两分钟后，我们将开展圆圈活动。在开始之前，你有时间先转 10 圈。我来帮你数数！”

幼儿是积极的学习者，他们需要活动并与环境互动，这样他们才能了解世界。你对幼儿有符合实际的期望吗？大多数幼儿最多可以坐着参加活动 15 分钟。即使如此，许多幼儿在整个活动过程中也会局促不安。因此应考虑一下你对幼儿的目标。你想让他了解具体的信息吗？是否幼儿需要完全坐着不动？在有限的范围内，应允许幼儿有机会进行运动。例如，幼儿可以坐在椅子上的软垫上，然后他可以在听指令的时候在垫子上来回摇晃。另一个选择是让幼儿在参与项目活动的时候站着。前庭觉寻求者可能会受益于在圆圈时间坐在儿童尺寸的摇椅、豆袋椅或枕头上。这些方法可以让幼儿专注于学习活动，而不是试图获得更多的前庭觉输入。

前庭觉反应迟钝者

前庭觉反应迟钝的幼儿，有时会显得懒散，或者对教室里和周围的活动不感兴趣。这个幼儿需要在整个日常活动中获得集中和不断变化的运动机会。你需要引导前庭觉反应迟钝的幼儿参加他需要的运动活动，使其感觉系统保持警觉。你可能想让这个幼儿与一个同伴结成对子，或者让所有的幼儿都参与这些运动体验。

对于前庭觉反应迟钝的幼儿来说，至少每小时有一次运动体验是特别有益的。如果幼儿显得特别昏昏欲睡或不感兴趣，你可以尝试用运动来激发他的活力。每次开展的运动活动不需要超过两分钟。对前庭觉反应迟钝者的建议包括：坐在一个大的治疗球上弹跳、跳跃或蹦跳、在户外荡秋千、在一个坐式转盘上旋转、转来转去、卖力跳舞或从滑梯上滑下来。

> 如果幼儿显得特别昏昏欲睡或不感兴趣，你可以尝试用运动来激发他的活力。

给有本体觉（身体意识）处理问题幼儿的建议

有些幼儿很难知道他们的身体在空间中的位置。如果你让一个有本体觉处理问题的幼儿闭上眼睛，用一只脚跳，那么他可能做不到，因为没有视觉的帮助，他不知道自己的腿在哪里。有本体觉处理问题的幼儿似乎会寻找能给他们的肌肉和关节带来更多输入的活动。他们可能会撞墙、拥抱或靠在同伴身上，并从游戏设施上跳下或滚下，以寻求更多的本体觉输入。其他有本体觉处理问题的幼儿则避免或似乎对需要力量的繁重工作活动不感兴趣。这些幼儿有时会显得懒散，因为他们喜欢躺在地上、不参加户外活动或积木搭建。有几个简单的解决方法可以帮助你改变学习环境，以满足有本体觉处理问题幼儿的需求。

本体觉回避者

回避本体觉的幼儿似乎不知道自己的身体在做什么。他回避繁重的工作活动，如清理玩具或在户外设施上玩耍。这种幼儿可能很容易疲倦，显得没有动力。他可能肌肉张力低，姿势差，协调性差。他可能无法像其他幼儿那样走路、跳舞、攀爬或跳跃。新的运动体验对本体觉回避者来说非常具有挑战性。当有人试图帮助他移动身体时，他可能会以愤怒或逃避来回应。

本体觉回避者受益于受过感觉统合训练的职业治疗师的帮助。教师可以做一些事情来展开协助，针对这个问题领域，教师需要对感觉处理和干预技术有全面的了解。教师首先要帮助幼儿学会识别自己的身体部位。你可以从基本的身体部位开始：脸部、手臂、腿、头、腹部、手和脚。然后，你可以帮助幼儿识别更具体的部位，如手指、脚趾、肘部、膝盖和脚踝。玩“我说你做”游戏或唱《把手指放在鼻子上》（*Put Your Finger on Your Nose*）和《头、肩膀、膝盖和脚趾》（*Head, Shoulders, Knees, and Toes*）等歌曲，可能有助于这一过程。在与幼儿互动时，请注意他如何移动身体，以及他使用身体的哪一部分。你可以说：“我看到你在用手指推着颜料转圈。”

要为幼儿提供使用身体的机会，并让其参与有适宜挑战的运动体验。不要要求幼儿完成他认为非常困难的任务，否则他很容易放弃。例如，如果幼儿不能用两只脚跳，那么就不要要求他用一只脚跳。由于回避本体觉的幼儿有自卑的风险，因此必须提供他能够成功的运动任务。要示范如何参与，但不要强迫或帮助幼儿移动他的身体。然后，让回避本体觉的幼儿在参与前有更多的时间观察和体验运动。最后，对他运动时的表现给予积极反馈："我真的很喜欢你像兔子一样用双脚跳的样子。"

> 要为幼儿提供使用身体的机会，并让其参与有适宜挑战的运动体验。

本体觉寻求者

寻求本体觉刺激的幼儿渴望有力的运动体验。这种孩子会撞到物体和人。他可能会自己倒在地上，推他的同伴，并从家具和游戏设施上跳下来。这类幼儿可能表现出攻击性行为（如踢、打或咬），以获得其身体所渴望的本体觉。

本体觉寻求者会从参与有力的运动活动中受益。对这类幼儿来说，最合适的感官饮食是提供繁重的工作活动和深压活动（具体的活动参见下文）。在一天中给幼儿持续的本体觉输入，可以帮助他保持有条不紊，减少他的攻击性行为。

本体觉反应迟钝者

对本体觉输入反应迟钝的幼儿不能适当地处理身体位置的感觉。他们往往显得懒散，而且可能身体虚弱、不协调。这些幼儿将从繁重的工作活动和深压活动中受益，因为这些活动将刺激他们大脑的感觉处理系统。但他们不知道如何获得自己需要的本体觉输入。与本体觉寻求者不同，本体觉反应迟钝者需要得到鼓励，才能参与这些适当的活动。

繁重的工作活动

繁重的工作活动能够给幼儿的肌肉和关节提供强烈的输入，帮助他们的大脑有效地整合本体觉信息。以下是具有发展适宜性的、繁重的工作活动。

- 学动物行走，例如学螃蟹、蛇、大象、兔子或鸭子等。
- 提起和搬动重物，例如把书搬到图书区，在房间里搬动家具，或在操场上提水桶。

- 推和拉，例如拉着装满游戏或健身器材的小车，推着坐在婴儿车或轮椅上的另一个幼儿，推装满积木或其他重物的大型玩具车，以及推着玩具穿过沙地。
- 在迷你蹦床上跳跃。
- 打开沉重的门。

- 跳进缓冲垫（见第六章的说明）。
- 在单杠上悬挂或摆动。
- 靠墙做立式俯卧撑。
- 进行大肌肉运动，如跺脚、踢腿、抓和扔重球、跳跃和滚下山坡等。
- 吃有嚼劲或松脆的食物。
- 玩坚实的材料，如陶土、面团和橡皮泥等。
- 用剪刀剪厚纸，如剪彩色美术纸、海报用纸或卡纸。
- 穿着体感袜（见第六章的说明）走动或在里面活动。

深压活动

深压活动旨在提供强有力的触摸输入，以促进触觉信息和身体定位信息的更好整合。以下深压活动对幼儿来说具有发展适宜性。

- 熊抱。
- 有力度的背部按摩。
- 在安静的时候，坐在沙枕（见第六章的说明）上或把沙枕放在自己的腿上。
- 在安静的时候，被厚毯子或被子裹住。

当你试图确定什么对幼儿有效或无效时，请记住，不是每个患有感觉处理障碍的幼儿都能从这里列出的所有建议中受益。治疗师的指导将有助于你选择最能满足个别幼儿感觉需求的活动。

在任何情况下，你都要与家长保持良好的沟通，让他们了解哪些活动对幼儿是有效或无效的。这将有助于家长找到合适的家庭活动。

下一章提供了更具体的方法，它们能够满足患有感觉处理障碍的幼儿的需求，包括对幼儿园常规的建议，具体涉及圆圈活动、区域活动、户外游戏、用餐时间、过渡和休息时间等。

第五章

在常规中满足幼儿需求的实用方案

设计环境和实施课堂策略以满足幼儿的个人需求，是学前教育项目中具有发展适宜性的做法。幼儿园常规中的每一环节，无论是过渡时间、点心时间，还是圆圈时间，都需要对有感觉处理障碍的幼儿进行特殊考虑。下面的策略是为满足有感觉处理问题的幼儿的需求而设计的，它们在任何学前环境中都是实用的和简单的。其中的许多方法不仅会使患有感觉处理障碍的幼儿受益，也会使发育正常的幼儿受益。

过　渡

幼儿往往对环境的变化感到难以适应。因此，学前教育环境中的过渡有时是无序的和混乱的。满足感觉处理障碍幼儿的需求的一个建议是，使用一个具有一致性的课堂时间表。课堂常规有助于幼儿了解何时会发生过渡。

满足感觉处理障碍幼儿的需求的一个建议是，使用一个具有一致性的课堂时间表。课堂常规有助于幼儿了解何时会发生过渡。

提前做好准备

要让幼儿充分了解过渡时期的情况。在晨会上介绍每天的日程安排很有效。特别是在一年的开始阶段，你可能还想在午餐后回顾一下每天的时间表。幼儿喜欢例行公事，他们很快就能告诉你："我们在午餐前要出去。"

一定要在过渡时间的前几分钟宣布即将到来的变化。幼儿不知道具体的时间框架，所以不要提前太长时间告诉他们。对那些在过渡时间感到非常困难的幼儿，保持直接的眼神接触，并使用简单的语言，例如："两分钟后，我们将进去。在栅栏旁等我。"

时间表会发生变化，所以当你提前知道有变化时，一定要通知孩子们。你可能想设计一个信号或使用某个词来向幼儿表明将要发生变化。例如，在早晨的圆圈时间，你可以描述当天晚些时候将发生的"转换"。你可以说："我们今天有一个特别活动。午餐后，我们将去看一个关于消防安全的特别节目。然后，我们将回到教室里开展区域活动。"

有许多类型的基于感官的提示，可以有效地向幼儿展示"转换"即将发生。例如，你可以拍打节奏，以引起孩子们的注意。拍手是一个很好的听觉提示。你可以使用特定的模式来帮助幼儿识别某些类型的过渡。三次短暂的拍手可以提示孩子们应该开始清理。你还可以让孩子们模仿拍手的模式，以保证他们在听。如果孩子们拍手，那么除了获得听觉提示外，他们还将获得触觉和本体觉的输入。

"转换"的视觉提示是改变灯光。你可以把灯关掉几秒钟；不要让灯光闪烁，因为闪烁的灯光会让幼儿感到难以承受。关灯后，你可以用安静的声音（而不是大声）来吸引幼儿的注意力。坚定地触摸幼儿是一种有用的过渡性触觉提示——在你给出口头提示的时候，坚定地揉搓幼儿的手臂或背部。

许多幼儿教师会唱某些歌曲，如唱《清理之歌》（*The Cleanup Song*），以表示即将到来的过渡。你也可以哼唱或吹口哨。唱歌、哼唱和吹口哨都能有效地让孩子们为课堂上的变化而努力。在音乐中加入运动和繁重的工作活动，有利于提升幼儿的警觉性和对过渡的参与。试着让孩子们行进、跺脚或跳到下一个活动。

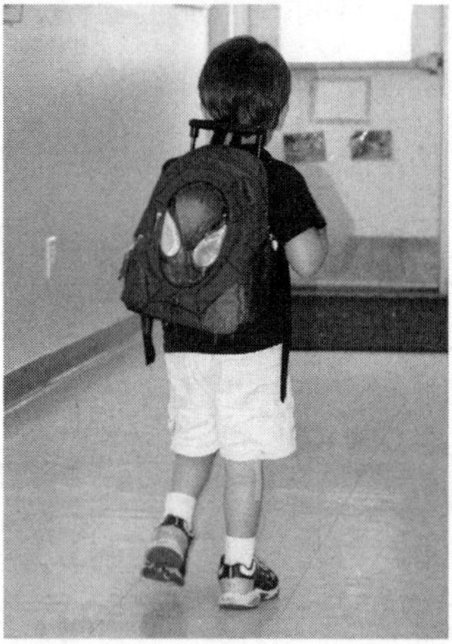

对于感觉寻求者或感觉反应迟钝的幼儿，可以给他们安排特殊的工作，使他们在过渡期间有需要完成的任务。例如，一个感觉寻求者可以为其他孩子开门和关门，把手推车推到操场上，或者把装满书的背包背到图书区。这些都是有效的、繁重的工作活动，能够以适当的方式提供感觉输入，同时让幼儿保持专注。

回避感觉的幼儿可能不愿意行进或跳到下一个活动。你可以让他数另一个幼儿在路上跳了多少次，或者识别他看到的颜色或形状，以调整你的过渡方法："让我们看看在去操场的路上，你能找到多少个圆圈。"

触觉回避者有时在排队或在一群人中行走时会非常缓慢。这很可能是因为他们害怕在被其他幼儿包围时受到意外的触碰。你可以把回避触觉的幼儿安排在队伍的前面或最后。要允许幼儿单独行走，而不是成双成对。这些改变可以防止幼儿负面情绪的爆发，减少同伴间碰撞的可能性。你也可以将寻求本体觉刺激（撞到物体和寻找繁重的工作活动）的幼儿放在队伍的最前面，这样他们就不太可能推、抓或踢同伴。

图文日程表

每日常规的可视化图表提供了一种有效的方式来推动平稳过渡。因为每天的日程表是可以改变的，所以图文日程表（见第六章的说明）应该设计成一个灵活的图表，这样图片可以移动到不同的位置，或者可以替换其他图片。为了帮助那些在过渡时间特别困难的孩子，在每次过渡之前，带领他们浏览图文日程表。另一个选择是在剪贴板或小笔记本上，创建一个个人的图文日程表，让孩子将该日程表放在他的小柜子里或随身携带，以便随时参考。

圆圈时间

孩子们通常被要求在圆圈时间内坐着。请记住，大多数幼儿只能在很短的时间内参加圆圈活动。典型的活动包括听故事、唱歌、讨论一天中剩余的时间要做什么事情，以及选择自己想去的区域。在圆圈时间之前，要让孩子们有足够的运动，为他们的身体和大脑做好准备。你可以安排一个活跃的常规活动，如在区域活动或圆圈活动前进行户外活动或大肌肉运动。这些活动能够为孩子们提供大量的工作输入，融入运动活动，同时让他们平静下来。这可能包括告诉孩子们“像猫一样爬”或“像青蛙一样跳”，然后围成圆圈。如果孩子们在圆圈时间坐在椅子上，可以让他们把自己的椅子拉或推成一个圆圈。

保持幼儿的注意力

幼儿是动觉型学习者，他们通过在环境中移动自己的身体来学习。将运动歌曲和诗歌融入圆圈时间是有帮助的。音乐可以刺激大脑和学习，尤其是在数学、语言和运动技能方面。你可以请幼儿站起来，跟着歌曲、手指游戏和诗歌一起运动。你需要改变歌曲和运动游戏，以保持孩子们的参与和兴趣。

在许多学前教育项目中，孩子们会非常紧密地坐在椅子上，或者盘腿坐在地板上，这就不允许他们在空间内有多少活动。然而，幼儿需要移动他们的身体。为了减少幼儿在圆圈时间内起身、躺下或打滚的次数，你可以让他们坐在自己的座位上，以便他们能够在个人空间内轻轻地移动。试着在一周的不同日子里，让幼儿坐在不同的表面上，以保持环境的刺激性。例如，孩子们可以在星期一、星期三和星期五坐在方形地毯上。然后，在星期二和星期四，他们可以坐在

小枕头上。其他座位选择包括豆袋椅、儿童摇椅、充气枕头或有垫子的椅子。

如果一个幼儿属于感觉寻求者,那么他可能会在地板上打滚,在房间里跑来跑去,或者在整个圆圈时间里触摸自己的同伴。试着在幼儿的腿上放一个沙枕（见第六章的说明）,或者用厚厚的毯子或被子把他裹起来。这些方法能给幼儿带来深层的压力,使他平静下来,并帮助其保持注意力。

当你呼唤患有感觉处理障碍的幼儿时,请给他额外的时间来回答。如果在被提问的同时有大量的感觉输入,那么他可能需要更多的时间来处理这个问题。当孩子们正在移动和相互交谈时,如果你指着图表让幼儿看,那么就可能会出现这种情况。要保持目光接触,并使用简单、直接的语言,例如“外面是热还是冷？”,而不是“今天的天气对你来说是什么样子的,乔伊？它是热还是冷？你能告诉我吗？”。在你提出问题并等待几秒钟后,你可能需要重复这个问题,以确定幼儿已经听到并理解你的问题。

触觉方面的考虑

如果幼儿是触觉回避者,那么要为他提供足够的空间,让他在不接触其他幼儿的情况下坐着。让幼儿直接坐在你的身边可能会有帮助。让幼儿坐在椅子或地板的特定位置上,也可以防止意外的触摸。可以用胶带在地板上粘出一个形状,让幼儿在自己和其他孩子之间有一个明确的界限。

寻求触觉输入的幼儿可能会不断地触摸其他幼儿,摆弄或啃咬自己的衣服，以获得其所需要的感觉输入。触觉反应迟钝的幼儿在圆圈活动中可能不会互动。教师可以让孩子们拿着道具（如木偶或故事板上的绒布片），为圆圈活动增加有纹理的材料。此外，教师可以让孩子们坐在不同质地的材料（如麻布、毛皮或绸缎）上。

那些在寻求感觉输入时容易分心的幼儿，可能会从使用一个小玩意儿（如小软球、一块有纹理的织物或其他小物品）中受益。教师应该指导幼儿把小玩意儿放在口袋里玩，或把它挂在皮带环上。幼儿可以摆弄这个小玩意儿，而不是触碰其他幼儿。小玩意儿为幼儿提供了其所寻求的感觉输入，因此他们可以专注于圆圈活动。

操纵工具/精细运动

一些患有感觉处理障碍的幼儿很难掌握精细运动技能，如用剪刀剪东西、画画、用双手摆弄小物件和写字。一个具有发展适宜性的学前教育计划中有让幼儿探索和参与精细运动的时间。教师应考虑所用材料的类型和空间的设计。教师可以通过遵从以下建议来促进幼儿的精细运动技能。

感官智能材料

教师应该在精细运动中提供感官智能材料和工具。要提供各种开放性材料，如纸、剪刀、胶水、胶带、颜料、拼图和游戏素材。此外，要提供一系列的书写和绘画工具，如粗的蜡笔和铅笔、标准尺寸的蜡笔和铅笔、记号笔、粉笔和画笔。幼儿可以选择自己适用的书写和绘画工具。

幼儿需要对自己的身体位置有充分的认识，才能有良好的手眼协调能力和力量来完成精细运动任务。下面列出的物品能够给幼儿的手和手臂以深深的压力，并将促进其产生更多的身体意识。本体觉、触觉寻求者和反应迟钝的幼儿，可能会从使用下列物品中受益。

- 阻力材料，如黏土或橡皮泥。
- 电池驱动的振动笔，可以晃动，并给手提供良好的感觉输入。
- 硬纸，如海报纸、索引卡、卡纸或砂纸。
- 高尔夫球座，用于塞入聚苯乙烯泡沫塑料。
- 儿童用的锤子和钉子。
- 用于组装的螺母和螺栓。
- 鼓励使用双手的、良好的开放性建构材料，如乐高和林肯积木。

有趣且实用的工作区

教师需要考虑如何展示材料和工具。工作区是否杂乱无章？是否有太多可选择的材料？确保你把所有的物品都放在贴有标签的容器中，这些容器要安全且不易碎。你可以收纳不常用的物品，让孩子们容易接触剩余的物品，以促进其独立性。

有一个干净的工作区，对于容易在视觉上分心的幼儿来说是必需的。如果孩子们在桌面上工作，那么你可以把材料放在桌子下面的箱子里，从而减少桌面上的杂物。你可以用颜色淡雅和柔和的可接触纸覆盖桌面，减少桌面上的眩光。

在进行精细运动时，要考虑幼儿的位置。如果他属于寻求前庭觉输入的类型，那么他可能需要站着或坐在一个柔软的座垫上，这样他就可以在开展项目活动时走动。回避触觉的幼儿可能需要坐在桌子的末端，这样另一个幼儿就不会容易撞到他。本体觉（身体意识）寻求者或反应迟钝者可能最好躺在地板上或坐在豆袋椅上。

要确保幼儿的脚始终牢牢地踩在地板上；如果一个幼儿的脚在椅子上晃来晃去，那么他就很难写好字，也很难有良好的手部协调能力。如果椅子的尺寸不合适或不能调节，那么可以在幼儿的脚下放一个电话簿或其他坚固的表面。如果幼儿经常从座位上掉下来，那么可以把网球放在椅子腿上。这将使椅子更难被撞倒，而且椅子在地板上移动时将变得

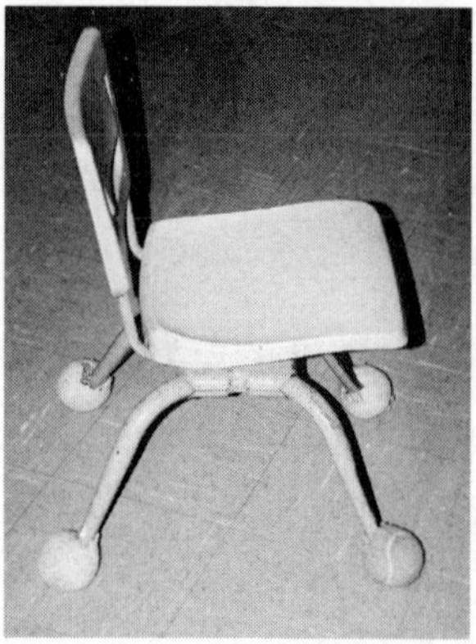

更安静。

回避听觉的幼儿在进行精细运动时，可能会被房间里的噪音过度刺激。例如，锤子的敲击声、粉笔因摩擦而发出的尖利声和撕纸声，可能是幼儿无法忍受的听觉输入。如果幼儿不能专注于某项活动，可以让他戴上耳塞或耳机，播放有节奏的、平静的音乐。

学习区域

学习区域在幼儿园里发挥了有效的作用，因为它们能使幼儿积极地参与学习。区域的设置以幼儿的个人兴趣和能力为基础。在区域中,幼儿可以自主选择或在指导下选择他们将使用的材料。在区域中，要提供不同的材料，提供各种感觉输入，支持每名幼儿的个人感觉需求。

鼓励运动体验

寻求前庭觉或本体觉输入的幼儿需要有机会参与教室内的运动活动。前庭觉反应迟钝或本体觉反应迟钝的幼儿则需要被鼓励参与运动活动。大肌肉运动可以很容易地被纳入区域,如积木区、大运动区和音乐区。在积木区，你可以帮助幼儿用木质积木装满篮子和玩具卡车。然后他们可以提着篮子或推着卡车到“新的工作地点”。在大运动区，孩子们可以在迷你蹦床上蹦跳，或者在地毯卷（见第六章的说明）里打滚。一个幼儿可以坐在毯子的中间，另一个幼儿可以拉着他到处走。在音乐区，你可以提供多样化的音乐选择，鼓励孩子们移动、跳舞或摇晃身体。你可以提供丝带、围巾、打击乐器、鼓和沙槌，以促进不同的运动体验。

纳入本体觉和触觉输入

美术区、精细运动区和前书写区（涉及字母形状、符号等），应提供机会让幼儿在垂直表面上绘画或写字。垂直表面包括画架、斜面板（见第六章的说明）、贴在墙上的纸，以及黑板或白板。教师可以提供有机玻璃涂鸦墙（见第六章的说明），让孩子们将它作为一个独特的表面进行艺术创作。在一个垂直的表面上工作是为手和上身增加本体觉输入的好方法。这些活动也可以促进幼儿对书写工具的良好使用。

在精细运动区和艺术区，幼儿可以参加其他类型的活动，以增加本体觉的输入。他们可以切割或撕裂厚纸，如卡纸、索引卡或彩色美术纸。幼儿可以玩不同类型的黏土和橡皮泥。使用挤压瓶或喷射瓶作画也会增加本体觉的输入。

重要的是，要提供具有各种质地的材料，以便幼儿可以获得他们寻求的触觉输入。在区域中，可提供水彩笔、手指画颜料、闪光胶和肥皂泡沫用于绘画。孩子们可以在不同质地的纸（如砂纸、铝箔和蜡纸）上着色或写字。一张空白的纸对幼儿的视觉干扰较小，可以鼓励他们做出有创造性的反应。

促进自我意识和组织

每个幼儿园都应该有一个空间，让幼儿可以平静下来，并重新获得控制。幼儿还需要开始学习一项重要的生活技能——有自我意识。幼儿必须先学会识别自己的感觉和感觉需求，然后才能开始适当地解决自己的需求。私密空间有助于幼儿更好地了解自己的情绪，以及管理自己的感觉处理需求。这个区域对感觉回避者特别有用，因为他们在受到过度刺激时，需要一个安静的地方去整理一下。

私密空间应该全年为幼儿提供服务。它在教室里人流较少的地方能够发挥最好的作用。一个大型的电器箱、帐篷，或者一个有清晰边界和只有一个入口 / 出口的区域都很好。你可以在里面放置枕头、毯子、带耳机的 CD 播放器、毛绒动物或安慰物品，以及几本书。不要放置玩具或会产生噪音的物品。

私密空间不应被用作“暂停”或惩罚不当行为的区域。如果它要在教室里发挥作用，那么它必须是让孩子们感到安全的一个地方。在介绍私密空间时，要说明其用途和使用规则。该区域的使用规则示例如下。

- 每次只允许一个幼儿进入私密空间。
- 在你进入私密空间之前，你必须告诉教师。
- 当你感到 ______（悲伤、生气或害怕）时，你可以使用私密空间。

要帮助个别幼儿认识到他们何时需要进入私密空间。例如，你可以说："勒里，看起来你很不安。我会帮助你去私密空间，这样你就可以平静下来。"幼儿在确定何时离开时也可能需要帮助。有些幼儿需要比其他孩子花更多的时间来整理。要仔细观察私密空间里的幼儿，看看他何时准备好重新回归教室。例如："勒里，我看到你很平静。我们现在回到生活区吧。"孩子们需要时间来学习如何有效地使用私密空间。私密空间能够促进幼儿发展社交情绪技能，并推动幼儿适当地管理自己的感觉处理技能。

点心/午餐时间

用餐时间应该是幼儿园里的一个愉快时刻。不幸的是，许多有感觉处理障碍的幼儿无法放松和享受进食。有些幼儿会因所提供的各种食物、周围的噪音或不小心撞到其肘部的同伴而受到过度刺激。有些幼儿对质地非常敏感，以至于他们非常挑食或根本不吃东西。还有一些幼儿无法感觉到嘴里或周围的食物，吃得特别脏乱。下文中的内容包括了几个简单的解决方案，有助于所有的幼儿更愉快地进餐和吃零食。

感官智能食品

要把用餐环境布置得尽可能令人平静和感到舒缓。想一想，在一家好的餐馆里吃饭是多么令人放松。你可以关掉一些顶灯，使用台灯或落地灯；播放柔和的古典音乐；使用安静的声音；尽量减少桌子上的杂物，只摆放必要的物品，如幼儿的盘子、餐巾和勺子。这些调整将有助于避免幼儿在开始进食前就被过多的感觉输入影响。

考虑你提供给幼儿的食物类型。尝试向幼儿提供有嚼劲的食物。有嚼劲的食物能够通过口腔为幼儿提供“繁重工作”的感觉输入，以帮助其变得更加专注和专心。一个很好的镇静活动是用吸管喝浓稠的液体。可以制作冰沙、冷冻饮料或奶昔供孩子们品尝。有嚼劲的食物对寻求本体觉输入的幼儿来说也是很好的选择。水果干、干果、牛肉干、葡萄干、面包和奶酪条是其他能够帮助幼儿集中注意力的食物。

> 一个很好的镇静活动是用吸管喝浓稠的液体。

如果幼儿的注意力不集中

或昏昏欲睡，那么可以提供松脆的食物，如饼干、椒盐卷饼和生蔬菜，帮助幼儿打起精神。松脆的食物是午后零食的不错选择，可以唤醒幼儿。不要提供含糖量高的食物，因为这类食物会让幼儿快速爆发能量，然后让他们感到昏昏欲睡。

如　厕

有时，进入洗手间对幼儿来说可能是难以承受的。有许多噪音、气味和景象可能会让幼儿感到恐惧或不安。教师可以对环境进行改变，以促进幼儿在洗手间里的独立性。

特别重要的是，马桶必须是符合儿童尺寸的。如果不是的话，可以在马桶旁的地板上放一个凳子或木块，让孩子们作为阶梯凳使用，他们在蹲马桶时可以把脚放在上面。凳子可以让幼儿在马桶上有更大的平衡感，有助于防止他们感觉自己要掉下来或掉进马桶里。

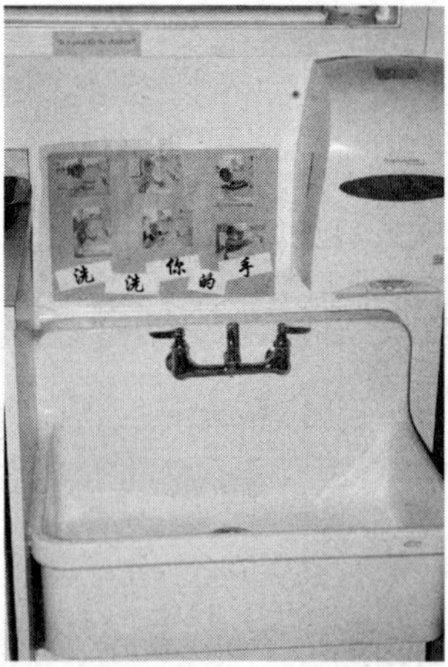

由于有大量的感觉输入，幼儿可能会感到迷茫，不知道在洗手间里应该做什么，以及按什么顺序做。在水槽旁放一组表明洗手顺序的图片，有助于幼儿遵循适当的洗手步骤。

如果幼儿害怕流水声，可以在水槽里预先装上温热的肥皂水让他洗手，或者使用免洗洗手液。如果冲马桶的声音过于响，那么幼儿在洗手间里可以戴上耳塞或有白噪音和安静音乐的耳机。另一个减少听觉和视觉输入的方法是，让幼儿在没有同伴的情况下进入洗手间。为了减少回声，可以鼓励幼儿在洗手间里放低声音。

休　　息

要设计一个适合休息的环境，重要的是要考虑幼儿的感觉需求。一个休息好的幼儿更有可能在一天的晚些时候参加学前教育活动。休息好的幼儿对感觉输入的容忍度更高，不太可能因环境的影响而不知所措。以下建议将有助于孩子们有条不紊、平静下来，并准备好休息。

平静的环境

营造一个平静和舒缓的环境是良好休息的关键。这个过程的第一步是使房间变暗，可以关灯、调暗灯光、拉上窗帘或百叶窗。闪烁的灯光会产生刺激；如果光线透过窗户或百叶窗忽隐忽现，那么要用窗帘或床单完全遮挡。

有些教师经常会播放音乐来掩盖无关的噪音。然而，有些类型的音乐和音量可能会让孩子们不知所措。在播放音乐时，要把音量调低，选择有节奏的、舒缓的、不经常改变节奏的音乐。另一个选择是在休息时间使用白噪音机。

许多幼儿需要在一个充满视觉刺激的杂乱环境中入睡。他们可能不是在休息，而是在看周围的环境或玩他们看到的物体。要为幼儿提供一个很少或没有杂物的环境并设置明确的界限，这可能包括将幼儿安置在角落里或挨着墙壁和书架。要移开与幼儿眼睛平齐的玩具和物品，你可以在书架或书柜上放一张床单，以减少对幼儿的视觉干扰。

通过让孩子们建立自己的休息区，我们能够促进他们的独立性，帮助他们感受到一种控制感。把垫子或小床搬到他们的休息区是一个很好的安抚活动。孩子们也可以自己把床单放在垫子上，并把他们的毯子和安抚物品搬到垫子上。通过这种方式，他们能够积极参与准备自己的特殊休息场所。

休息时间的简单调整

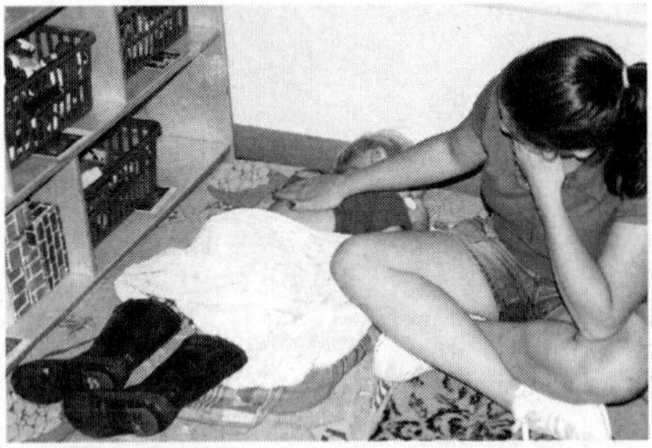

一旦房间变成了一个宁静的“天堂”，就要考虑幼儿的个人需求。触觉寻求、本体觉寻求、触觉反应迟钝或本体觉反应迟钝的幼儿，可能会受益于被卷在厚毯子里。你可以为幼儿提供有力的背部按摩，帮助其平静下来。坚定地、有节奏地拍打背部，也可以帮助幼儿安静休息。回避触觉的幼儿可能需要把垫子放在远离其他幼儿的地方，这样他们就不会因担心其他幼儿不小心撞到或滚到垫子上而一直醒着。一个回避听觉的幼儿可能需要戴上耳塞，以降低注意其他幼儿或环境噪音制造者（如暖气和空调设备）发出的噪音。

操场或体育馆

幼儿需要学习重要的大肌肉运动技能，如跑步、跳跃和攀爬。操场和体育馆提供了极好的开放空间，可以鼓励幼儿学习这些运动技能。大肌肉运动只需要非常少量的设施或材料。开放性材料会让孩子们长期保持兴趣。当你发现孩子们不再玩某些玩具时，就把它们移开一段时间，以后再重新引入。

操场或体育馆里的感官智能材料

- 各种尺寸的软球
- 用于收集和储存材料的塑料容器或垃圾桶，可将球扔进或可推来推去
- 轮胎秋千（室外）（见第六章的说明）或转盘（室内）
- 骑乘类玩具
- 攀爬结构或绳梯
- 手推车
- 呼啦圈
- 沙箱（室外）或海洋球池（室内）

请记住，让幼儿参与的最好方法就是你要积极参与其中。通过参与幼儿的活动，你可以为他们树立互动和大肌肉运动的榜样。

繁重的工作 / 游戏

要在户外或体育馆的游戏时间中加入繁重的工作活动。这包括接住和投掷重球、跑步、跳跃和跳远。攀爬是一项繁重的工作活动，能够锻炼幼儿的力量和协调能力。一个很好的组织活动是让幼儿用小车拉一个或两个幼儿。这能够给拉车的幼儿提供本体觉输入，给坐车的幼儿提供前庭觉输入。你还可以提供一个缓冲垫（见第六章的说明），让幼儿跳到上面，在上面打滚。缓冲垫为寻求更多的本体觉输入的幼儿提供了一个柔软、安全的选择。

请将你的脚放在地上！

许多回避前庭觉的幼儿害怕自己的脚离开地面。为了促进孩子们的大肌肉运动，可以让他们把脚放在地上，如玩降落伞游戏或模仿动物行走。吹泡泡是很好的户外活动，因为它能让人保持冷静和专注。此外，它还很有趣！孩子们可以试着抓住泡泡，用手把它们戳破。另一项活动是利用三个或四个区域建立一个障碍

物通道。例如，幼儿可以跳进呼啦圈，爬过隧道，然后沿着路线走。在刚开始时，你可以示范如何在障碍物通道上行走；你可能需要在第一次游戏时引导孩子们通过通道。另外，在你描述过程中的步骤时，孩子们可以站在后面观察其他幼儿。

让幼儿成为你的向导

要观察和倾听幼儿的意见。对于前庭觉回避者，你要问自己一个问题："他是否害怕做出某些动作或玩某些设施？"要承认和理解幼儿的感觉，让他表明自己的需要。不要强迫幼儿在游戏设施上玩。要思考改变环境的方法，以促进幼儿对运动体验的参与。你可以从简单的活动开始。如果幼儿不愿意荡秋千，那么你可以考虑把秋千放低，让他的脚可以接触地面。仅仅坐在秋千上就是一个很大的进步。要表扬幼儿对参与的尝试，你可以说："乔希，我真的很喜欢你坐在秋千上的样子。"

你学到了什么？

你已经拓展了对感觉统合的理解，这将有助于你在课堂上识别可能有感觉处理障碍的幼儿。你已经获得了关于不同类型的感觉处理问题的信息，其中涉及视觉、听觉、触觉、前庭觉和本体觉等方面的感觉回避者、感觉寻求者和感觉反应迟钝者。现在是时候利用你对感觉处理障碍的认识，对环境和教室内的常规进行简单的调整。这些调整可能会对幼儿的学习产生很大影响。

第六章

构建和创造低成本项目

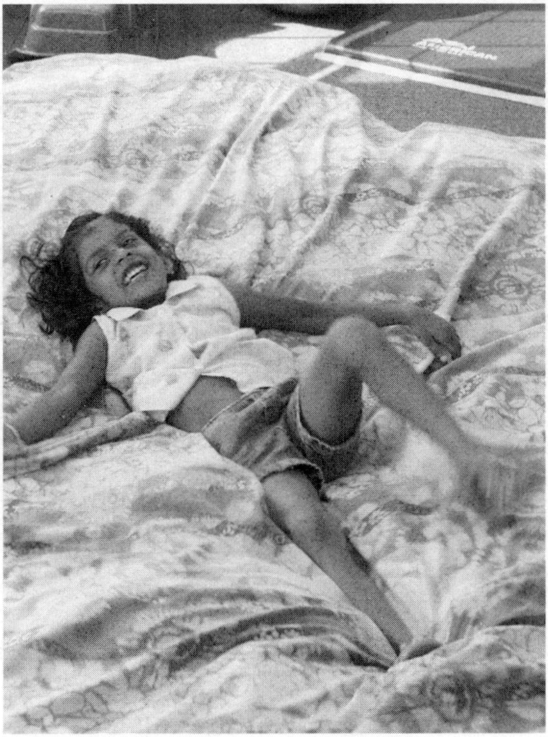

有许多简单的材料可以为幼儿提供更多的机会来使用他们正在发展的感觉能力。这些材料的成本很低，而且它们对幼儿有很大的好处。

体 感 袜

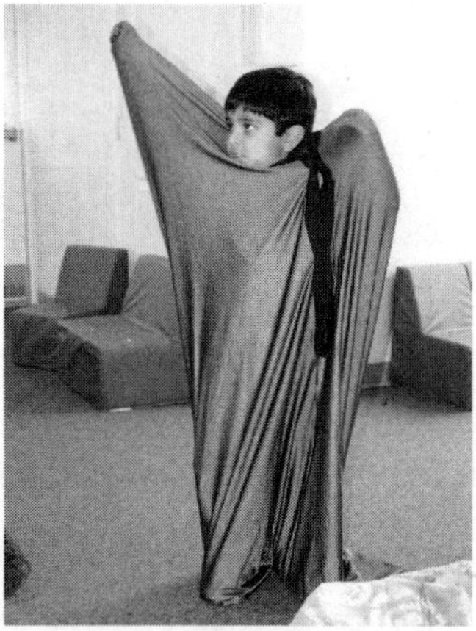

体感袜是一种有趣的室内材料，可以为幼儿提供本体觉（身体意识）和触觉输入。这个项目的灵感来自金伯利·戴伊（Kimberly Dye）的身体袜（Body Sox™）。幼儿可以完全把自己装进袜子，或者把头留在外面。当体感袜被拉伸时，孩子们能看穿它。当幼儿在体感袜内活动时，他们会发展平衡、协调和运动技能，如走路、跑步、滚动和跳跃。多余的莱卡面料（人造弹性纤维，可拉伸且恢复原状）可以做成漂亮的围巾，以用于装扮。

材料

约 120 厘米长的莱卡面料（至少 142 厘米宽）

约 60 厘米长的魔术贴（包括细软纤维面和勾刺纤维面）

线、针或缝纫机

操作步骤

1. 将莱卡面料剪成 104 厘米 ×142 厘米的尺寸。
2. 将莱卡面料对折成 104 厘米 ×71 厘米的尺寸，并将莱卡面料的侧面和底部缝在一起。扎紧顶部的边缘，在中间留出约 60 厘米的开口，以便魔术贴封口。
3. 在顶部开口的一侧缝上魔术贴细软纤维面，在顶部开口的另一侧缝上魔术贴勾刺纤维面。这为幼儿提供了一种可能性，他们能够爬到袜子里并把自己关起来。

地　毯　卷

地毯卷可以供幼儿爬进去，绕过去，爬过去。地毯卷可以在教室里使用，以鼓励幼儿发展大肌肉运动技能，并为幼儿提供前庭觉（运动和平衡）输入。幼儿可以在地毯卷里滚来滚去，有更强烈的运动感觉。教师可以走访当地的地毯制造商或经销商，让他们提供出售地毯时留下的纸板筒。他们甚至可以捐赠其他的相关或剩余材料来覆盖纸板筒。一个长约 122 厘米的纸板筒是足够的，你可以根据已有的空间对其进行切割。

材料

制作地毯卷框架的纸板筒（注意：这个圆筒必须足够大，足够结实，可以让幼儿爬进去）

美工刀或电切刀（仅限成人使用）

覆盖纸板筒的耐用地毯或乙烯基塑料（地毯可以起到缓冲作用，而乙烯基塑料可以保护和支撑表面，以便长期使用）

胶水

重型订书机和订书钉（仅限成人使用）

胶带

操作步骤

1. 用美工刀或电切刀切割纸板筒，使其长度约为122厘米（或适合空间的尺寸）。
2. 在纸板筒上铺耐用的、可清洗的地毯。
3. 用重型订书机将地毯钉在纸板筒上，然后用胶带将钉子盖住。
4. 将耐用、可洗的地毯或其他材料粘在纸板筒内侧。在纸板筒外侧（在地毯上）粘贴的涂胶布料是可选的，这样可以使地毯卷更耐用。

缓　冲　垫

缓冲垫可以作为一个安全的室内游戏材料，供幼儿获得本体觉（身体意识）输入。幼儿可以通过在这个又大又软的垫子上跳、滚、撞，对自己的身体感觉有更大的意识。

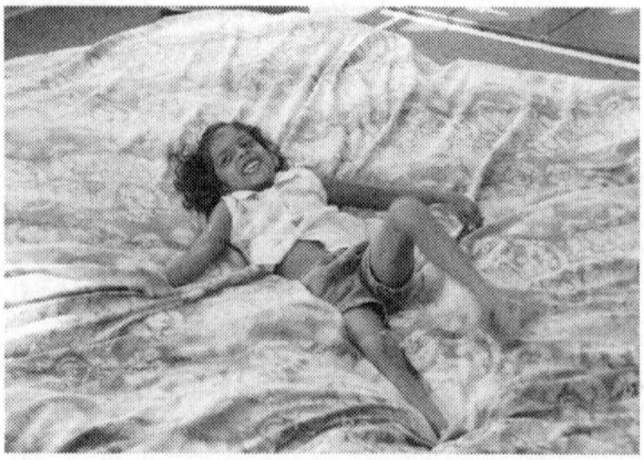

材料

2 张大尺寸的床单（选择的尺寸将由可用空间的大小决定）

2 张双人床尺寸的床单（比大尺寸的床单小一个尺寸）

废旧泡沫或枕头

针线或缝纫机

操作步骤

1. 把两张小一点的床单的边缘缝在一起，在一端留下一个大的开口。
2. 在缝好的床单里塞满大块的泡沫或枕头，尽可能地装满床单，因为时间长了，它们可能会塌陷。
3. 把床单的开口缝好，就成了一个缓冲垫。
4. 把两张大一点的床单缝在一起，让另一端完全敞开，这样就可以为缓冲垫做一个可洗的套子。
5. 将缓冲垫塞进套子里，套子可以根据需要拆下清洗。

斜　面　板

斜面板提供了一个稳定的、升高的表面，幼儿可以在上面画画或写字。升高的表面对绘画体验提供了额外的阻力，能够增加幼儿的本体觉（身体意识）输入。20° 的倾斜角度将有助于幼儿适当地抓握绘画或书写工具。幼儿可以在桌面上或地板上使用斜面板。

材料

尺寸至少为 35 厘米 ×48 厘米的厚卡纸板（注意：卡纸板可以从包装公司收集）

用于切割卡纸板的多功能刀或电切刀（仅限成人使用）

热熔胶枪和热熔胶（成人专用）

耐用的防水纸

操作步骤

1. 将卡纸板裁成四块。

   1 块长方形卡纸板，尺寸约为 38 厘米 ×36 厘米。

   2 块三角形卡纸板，长约为 36 厘米，高约为 10 厘米。

   1 块条状卡纸板，尺寸约为 38 厘米 ×1.27 厘米。

2. 用热熔胶把长方形卡纸板和三角形卡纸板粘起来，形成一个斜面板。
3. 将条状卡纸板粘在斜面板的底部（用作搁物板），以防止纸张滑落。
4. 用耐用的防水纸覆盖斜面板，使其更加耐用。

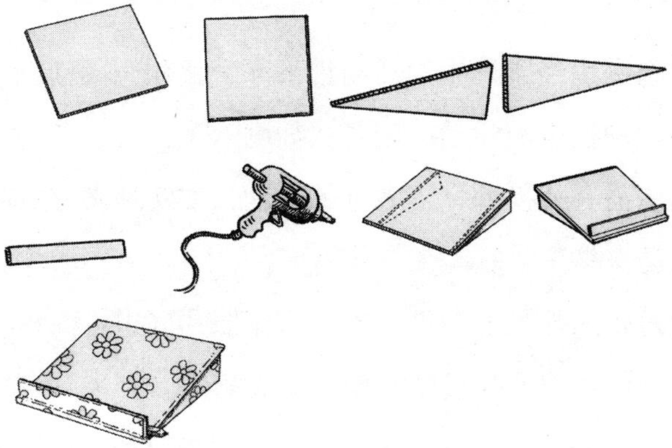

图文日程表

图文日程表是帮助幼儿过渡的有用工具。晨会是使用图文日程表的适当时机，有助于幼儿为其日常活动做好准备。为幼儿提供有关一日常规的信息，有助于他们更顺利地过渡。图文日程表也能够为视觉寻求者提供视觉输入。

材料

照相机

裱糊材料或透明塑封纸

魔术贴或胶带

海报板

大信封或文件夹

操作步骤

1. 把教室里经常发生的活动拍下来，比如圆圈活动、自由选择活动、区域活动、用餐、如厕、午休等。此外，要拍下偶尔需要替换到日程表中的活动，如实地考察或特殊访客来访。
2. 给每张照片贴上标签，并将每张照片固定在海报板上，在固定前可将照片过塑，使其坚硬耐用。
3. 在固定照片时，可以在每张照片的背面和海报板上分别粘贴魔术贴勾刺纤维面和细软纤维面，或者直接使用胶带。
4. 在海报板上粘贴一个信封或文件夹，以供放置额外的照片。

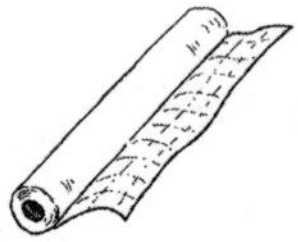

有机玻璃涂鸦墙

寻求触觉和触觉反应迟钝的幼儿，需要有机会在垂直的表面上绘画。垂直的工作表面有助于增加幼儿的本体觉（身体意识）

输入，也能够促进他们很好地抓握绘画和书写工具。有机玻璃涂鸦墙为幼儿提供了一个垂直的表面，以供他们进行创作。在有机玻璃涂鸦墙上用手指画画，对幼儿来说是一种很好的触觉体验，而且绘画痕迹很容易清理。

材料

透明有机玻璃（根据墙面的尺寸切割）

4~8 个螺丝钉或夹子

螺丝刀

塑料布或浴帘

操作步骤

1. 根据幼儿的视线高度，将有机玻璃固定到墙上。
2. 用塑料布或浴帘覆盖地板。

沙　　枕

深层压力的输入可以使人平静，有助于幼儿集中注意力。沙枕能够为幼儿提供深层压力，因为他们坐着时可以把沙枕放在腿上。这对圆圈活动等相对安静的活动特别有用。沙枕还可以帮助幼儿建立身体意识。每两小时内，沙枕的使用时间不应超过 15 分钟。一个沙枕的重量应该是幼儿体重的 10% 左右。为简化起见，可以为 3 岁幼儿制作一个约 1.4 千克重的枕头，为 4 岁和 5 岁幼儿制作一个约 1.8 千克重的枕头。

材料

2 个枕头套

3 岁幼儿的沙枕用的约 1.4 千克重的白沙，或者 4—5 岁幼儿的沙枕用的约 1.8 千克重的白沙，也可以用水族馆的碎石代替白沙

针线或缝纫机

操作步骤

1. 将白沙放在一个枕头套里。
2. 将枕头套的开口端缝紧，使沙子不能漏出。
3. 用另一个枕头套裹住装有白沙的枕头，这样外层的枕头套就可以很容易取出和清洗。

隔　音　板

回避听觉的幼儿可能会受到巨大噪音的过度刺激。价格低廉

和容易安装的隔音板可以在教室里发挥吸音的作用。将隔音板放在墙上，可以降低一个嘈杂区域或整个房间内的音量。

材料

1 张尺寸为 10 厘米 ×20 厘米、厚度为 2.5 厘米的隔音板（可在家居装修店里买到）

手锯（仅限成人使用）

麻布或其他织物

重型订书机（仅限成人使用）

胶带

操作步骤

1. 将隔音板裁切成两块，尺寸均为 10 厘米 ×10 厘米。
2. 用重型订书机将麻布或其他织物覆盖在板子上。
3. 用胶带覆盖钉子、麻布或其他织物的边缘。
4. 在选定的位置上将隔音板安装在墙上，以帮助降低噪音。

轮胎秋千

轮胎秋千是一个很好的户外游戏设施。当轮胎秋千被水平悬挂时，不止一个幼儿可以在上面荡秋千，这可以促进幼儿之间的社会性互动。孩子们在轮胎秋千上荡来荡去时，会得到前庭觉（运动和平衡）输入。你可以访问当地的轮胎公司，让他们捐赠一个大型汽车、卡车或拖拉机的轮胎。有缺陷或不规则的轮胎效果很好，旧轮胎可以被喷上无毒的漆。挂好秋千后，用一个重型钻头在轮胎下面打孔，以便秋千上的积水可以排出。

材料

一个大型汽车、卡车或拖拉机的轮胎（安全须知：不要使用带钢带的轮胎，因为它们含有钢丝，可能会穿透幼儿的皮肤，对其造成伤害）

尼龙绳或电缆，用于悬挂轮胎

重型钻头

每个悬挂点都需要以下物品：挂钩、膨胀螺丝、弹簧垫圈

操作步骤

1. 选择一个能容纳 2~3 个孩子的轮胎。
2. 在轮胎上钻孔，确保将其悬挂后能够水平转动。
3. 在轮胎顶部的三个位置上悬挂绳子或电缆。

4. 将这三根绳子 / 电缆连接到转轴上。

5. 将秋千挂在秋千架或树上。

旧轮胎的其他用途包括建造隧道、桥梁、围墙和橡皮筏。关于建造轮胎秋千的更多信息，请参见弗罗斯特（Frost，1992）的书——《儿童游戏和游戏环境》(*Play and Playscapes*)。

附　录

视觉回避者：红旗项

- 避免阳光和其他亮光（例如，幼儿可能会想在室内外都戴上太阳镜或帽子）。
- 拒绝参加有太多幼儿参与的活动（因为孩子们在四处走动，刺激视觉系统）。
- 因过多的视觉输入而出现晕动症。
- 避免与成人或同伴有目光接触。
- 无法确定距离（例如，幼儿可能会撞到书架或房间隔板）。
- 当过度使用眼睛时，会有头痛或恶心的感觉。
- 闭上眼睛或试图避开扔给他的球或其他物体。
- 揉眼睛。

视觉寻求者：红旗项

- 盯着亮光、闪烁的灯光或直射的阳光。
- 盯着自己移动的手指或在空间中移动的物体（例如，吊扇、旗帜或风铃）。
- 在画画或精细运动时四处走动或摇头。
- 将物体贴近自己的脸来看它们。

视觉反应迟钝者：红旗项

- 对环境中的新物体、新材料或新人物毫无察觉。
- 盯着明亮的灯光或移动的物体，眼神中有一种恍惚。
- 摔倒或撞到室内或室外的新障碍物。
- 难以抓住球或摆脱移动的物体或人的影响，因为他的反应太慢。

注意：如果你怀疑幼儿可能有视觉方面的感觉处理障碍，那么他应该被带到验光师那里做一次彻底的视力检查，以排除基本的视力问题。

听觉回避者：红旗项

- 当听到突如其来的噪音（如警报器声、雷声、警笛或喇叭声）时，表现出过度的情绪（如哭泣、尖叫、愤怒）。
- 当房间里的噪音增加时（例如，在区域活动时间），表现出过度的情绪。
- 用手指堵住耳朵，大叫或哼唱，以掩盖某些声音（例如，火车的汽笛声）。
- 对常见的噪音感到不安，如冲厕所的声音、水声或背景音乐声。
- 当听到尖锐的声音（如电钻声、哨声、粉笔的吱吱声或金属的叮当声）时，表现出过度的情绪。

听觉寻求者：红旗项

- 把音乐的音量调得很高。
- 在教室里非常大声地说话。
- 将音乐玩具或其他能发出声音的玩具直接放在耳朵旁听。
- 发出聒噪的声音，如拍手、大叫、敲打物体或大声唱歌。
- 喜欢尖锐的声音（如电钻声、哨声或钟声）。
- 喜欢常见的噪音，如冲厕所的声音、水流声，或空调机的嗡嗡声。

听觉反应迟钝者：红旗项

- 对教室里面或外面的典型声音似乎毫无知觉。
- 对口头要求反应缓慢或根本没有反应。
- 只注意极其响亮的声音或音乐，而它们是喧闹的声音或有不寻常节奏的音乐。

注意：如果你怀疑幼儿可能有听觉方面的感觉处理障碍，那么他应该进行彻底的听觉检查，以排除基本的听力问题。

触觉回避者：红旗项

- 对轻微或意外的触摸做出负面的回应（例如，打人、咬人）或过度情绪化（例如，哭泣、尖叫）。
- 避免在教室里进行脏乱的活动（例如，绘画、使用胶水）。
- 在有触觉体验时逃跑或躲藏。
- 不喜欢被亲吻或触摸，但可能会主动拥抱或用力触摸。
- 走在队伍的最前面或最后面，以避免被触碰。
- 挑食。
- 非常爱干净，在活动后立即洗手。
- 显得固执或不灵活。
- 过分怕痒。
- 不喜欢光脚。
- 洗脸时有极端情绪或愤怒的反应。
- 拒绝与他人牵手。
- 对轻微的撞伤、割伤或擦伤反应过度。
- 抱怨某些类型的衣服或衬衫上的标签。
- 要求将鞋带系得特别紧，抱怨袜子打结或扭曲。
- 通过找理由来避免自己触摸或玩有纹理的物体（物体表面上的花纹或线条）："我的妈妈告诉我不要把新衣服弄脏。"
- 在教室里难以建立友谊，因为他会远离其他孩子，以避免被人意外地或轻轻地触碰。
- 踮起脚尖走路。
- 拒绝戴帽子或穿衣服。

触觉寻求者：红旗项

- 似乎渴望触摸（例如，会长时间用手指画画）。
- 经常把东西放进嘴里。
- 喜欢脏乱的体验。
- 撞到东西或人。
- 不能把手放在自己的身上。
- 往嘴里塞食物。
- 在自己的胳膊或腿上摩擦有纹理的物体。
- 喜欢辛辣、烫或非常冷的食物。
- 在玩耍或交谈时与他人靠得很近。
- 摩擦或咬自己的皮肤。
- 不断触摸他人。

触觉反应迟钝者：红旗项

- 似乎不知道自己的脸或身体有多脏乱。
- 对温柔的抚摩没有反应。
- 对创造性艺术（涉及油漆、胶水、黏土）缺乏兴趣。
- 对小玩具或物体的操作有困难。
- 似乎没有注意到温度的高和低。
- 似乎不知道有不同的质地（例如，硬的、软的）。
- 没有注意到衣服是湿的或脏的。
- 如厕训练进展很慢。
- 学习如何穿脱衣服很慢。

注意：如果你怀疑幼儿可能有触觉方面的感觉处理障碍，那么他应该被带到验光师那里做一次彻底的视力检查，以排除基本的视力问题。

前庭觉回避者：红旗项

- 胆小怕事，对运动体验很谨慎（非风险承担者）。
- 害怕游戏设施（如滑梯、秋千、单杠或攀爬架）。
- 晕车（即使是短途旅行）。
- 低自尊，因为他不愿意与他人玩耍(特别是在户外)。
- 害怕电梯或自动扶梯。
- 恐高或不喜欢脚离开地面。
- 害怕上楼梯或下楼梯（例如，用双手扶栏杆）。
- 显得固执或不合作。
- 不能骑三轮车、自行车或其他适龄的骑乘类玩具。
- 出现操纵行为，特别是在他感到缺乏控制的情况下（例如，孩子可能会说："我们去树下玩吧。只有小孩子才会去玩滑梯。"）。
- 笨拙或不协调。

前庭觉寻求者：红旗项

- 在室内和室外都要冒安全风险。
- 不能坐着不动。
- 冲动（做事不经大脑）。
- 以跑代替走。
- 不断运动（例如，扭动、坐立不安、来回摇晃、蹦跳）。
- 将每一个动作体验推向极致(例如，尝试荡到秋千的最顶部）。
- 无论怎么转来转去，都不会头晕。
- 比其他孩子更喜欢运动体验。

前庭觉反应迟钝者：红旗项

- 容易发生事故（例如，摔倒或绊倒，而且没有站稳）。
- 比其他幼儿更不协调。
- 注意不到运动或运动的变化(例如，在秋千上被推高）。
- 不喜欢新的运动体验。
- 比其他幼儿更倾向于坐着、站着或躺着。
- 显得很容易疲倦或懒惰。

注意：如果你怀疑幼儿可能有前庭觉方面的感觉处理障碍，那么他应该被带到验光师那里做一次彻底的视力检查，以排除基本的视力问题。

本体觉回避者：红旗项

- 显得懒惰或过度疲劳。
- 避免身体活动（跑或跳）。
- 挑食。
- 不喜欢动。
- 不喜欢别人移动他的身体，包括不希望你帮助他把手臂放进外套里。

本体觉寻求者：红旗项

- 喜欢撞墙、撞物或人。
- 咬手指甲，吸吮手指。
- 表现出攻击性行为，如打人、踢人或咬人。
- 不注意他人的个人空间，当他说话时挡住你的脸，或者在你坐着时趴在你的身上。
- 要求你把他的鞋子系得很紧。
- 走路时跺脚。
- 咬和咀嚼物体，包括他的衬衫、铅笔、记号笔、玩具和口香糖。
- 在休息时间喜欢被用力拍抚或用毯子紧紧裹住。
- 参与极其激烈的野蛮游戏。

本体觉反应迟钝者：红旗项

- 当有人撞到他时，他不知道。
- 精细运动技能（如剪、画、写、进食）差。
- 学习如何穿脱衣服的速度慢。
- 大肌肉运动技能（如走路、奔跑、单脚跳和双脚跳）不协调。
- 发生重大伤害时不哭。
- 对运动体验不感兴趣。
- 容易打破玩具，因为他在操纵物体时有困难。

注意：如果你怀疑幼儿可能有本体觉方面的感觉处理障碍，那么他应该被带到验光师那里做一次彻底的视力检查，以排除基本的视力问题。

术 语 表

注意缺陷多动障碍（Attention Deficit Hyperactivity Disorder，简称 ADHD）：常见于儿童，是以注意力不集中、多动和冲动为特征的疾病。

听觉回避者（Auditory Avoider）：见感觉回避者。

听觉防御（auditory defensiveness）：听觉回避者的另一个相关术语，见感觉回避者。

听觉寻求者（Auditory Seeker）：见感觉寻求者。

听觉（auditory sense）：负责识别声音、理解所听到的内容并准备做出反应的感觉系统。

听觉反应迟钝者（Auditory Under-Responder）：见感觉反应迟钝者。

儿童临床心理学家（child clinical psychologist）：进行科学研究，为儿童提供心理帮助服务的专业人士。儿童临床心理学研究和实践的主要目的是了解、预防、诊断和治疗儿童的心理、认知、情绪、发展、行为和家庭问题。

“儿童发现”计划（Child Find Program）：基于《残疾人教育法》的公共资助计划，旨在识别、定位和评估有潜在发展迟缓或残疾的婴幼儿。该计划在不同的社区中可能有不同的名称（如社区筛查），可能包括有关儿童发展和育儿的公共教育活动。

儿童精神科医生（child psychiatrist）：经过 2~3 年的成人精

神科住院医师实习期和从事 2 年的儿童精神病学研究的医生。

选择板（choice board）：这是区域活动时间内可能做出的选择的视觉化表现，也是幼儿可以展示其选择的区域的地方。

夹式灯（clip lights）：一种有金属颈的灯，底座上有一个夹子。它可以调节，因此儿童能够将光线集中在最需要的地方。

深压（deep pressure）：强有力的触觉刺激，使皮肤的感觉神经产生反应，例如拥抱或拍打。另一个术语是坚定的触摸。

发育科医生（developmental pediatrician）：在儿童的社会性、情感和智力发展以及他们的健康和身体成长方面受过专门训练的儿科医生。

发展适宜性（developmentally appropriate）：符合儿童年龄和发展阶段的活动和教育经验。

调光开关（dimmer switch）：一种可以通过简单地转动旋钮或滑动滑杆来调整光线明暗的电气装置。

家庭医生（family practice physician）：预防、诊断和治疗家庭成员的疾病的医生。

小玩意儿（fidget toy）：一个小物件或玩具，可供孩子用手操作，以减少整个身体的运动。小玩意儿可以帮助孩子保持注意力。

精细运动（fine motor）：手指上的小肌肉运动（例如，穿珠子、画画、写字或用剪刀剪东西）。另一个术语是小肌肉运动。

坚定的触摸（firm touch）：见深压。

全光谱照明（full spectrum lighting）：模拟自然光的可见光和紫外线光谱的电光源。

大肌肉运动（gross motor）：胳膊、腿和背部的大肌肉运动（例如，走路、跑步和跳跃）。它是大运动的另一个术语。

繁重的工作活动（heavy work）：要完成的活动很费力（例如，背着沉重的背包，或拉着装满积木的车）。

高敏感度（hypersensitive）：对感觉输入过于敏感。

低敏感度（hyposensitive）：对感觉输入较迟钝。

《残疾人教育法》（*Individuals with Disabilities Education Act*）：美国联邦法律，最近一次修订是在2004年，旨在确保残疾学生获得“免费且适当的公共教育”，在最少限制的环境中满足他们的个性化需求。该法案要求公立学校向残疾儿童提供必要的学习辅助工具、测试性调整和其他教育便利。该法案还规定了提供便利的正当程序。如果儿童的学习因残疾而受到阻碍，但不影响他在普通教室中的能力，那么根据1973年的《康复法》（*Rehabilitation Act*）的第504条规定或《美国残疾人法》（*Americans with Disabilities Act*），他们可能有资格获得类似的便利。

动觉（kinesthetic）：利用身体来获得控制和学习身体技能，发展身体意识，并获得对世界的理解。它是另一种认识和感受的方式。

大运动（large motor）：见大肌肉运动。

轻触（light touch）：轻柔或温和的触觉刺激，使皮肤中的感受器产生反应，例如一个吻。

职业治疗师（occupational therapist）：见儿科职业治疗师。

开放式（open-ended）：允许对一个问题做出不同的反应，

需要发散性思维。

组织（organize）：一种心理能力，以便准备好执行一项任务。

儿科职业治疗师（pediatric occupational therapist）：帮助儿童克服疾病或残疾造成的身体或社会问题的保健专业人员。职业治疗师能够熟练地调整儿童所处的环境，使他们能够参与童年的重要事项——游戏、学习和自我照顾。

儿科医生（pediatrician）：在关照儿童的身体健康、成长和发展方面受过专门训练的医生。

个人空间（personal space）：围绕个人身体的无形界限，并将个人与他人分开，这种界限的侵占可能会引起焦虑。

图文日程表（picture schedule）：有一系列的图片和相关文字，展示在一个区域或时间范围内应该发生的事情。

本体觉回避者（Proprioception Avoider）：见感觉回避者。

本体觉寻求者（Proprioception Seeker）：见感觉寻求者。

本体觉反应迟钝者（Proprioception Under-Responder）：见感觉反应迟钝者。

本体觉（身体意识）[proprioceptive (body awareness) sense]：对肌肉和关节的无意识感觉，它提供了关于身体各部分的位置和运动方式的信息。它是本体感的另一个术语。

感觉回避者（Sensory Avoider）：对某些感觉输入过于敏感，涉及视觉、听觉、触觉、前庭觉（运动和平衡）及本体觉（身体意识）。孩子会表现出帮助自己避免体验这些感觉的行为。

感官饮食（sensory diet）：职业治疗师设计的有计划的活动

方案，以满足感觉处理障碍儿童的感觉需求。

感觉辨别障碍（Sensory Discrimination Disorder，简称 SDD）：在分辨感觉刺激的差异方面有困难。

感觉统合（Sensory Integration，简称 SI）：大脑对所有的感觉输入信息进行吸纳和有效反应的过程，涉及视觉、听觉、触觉、味觉、嗅觉、前庭觉和本体觉。

感觉统合失调（SI Dysfunction）：感觉处理障碍的另一个术语。

感觉统合理论（Sensory Integration Theory）：解释大脑和行为之间的关系的概念。

感觉调节障碍（Sensory Modulation Disorder，简称 SMD）：无法整理和控制对感觉输入的强度和类型的反应。

感觉处理（sensory processing）：参见感觉统合。

感觉处理障碍（Sensory Processing Disorder，简称 SPD）：大脑接受和响应感觉输入信息的方式存在问题，涉及视觉、听觉、触觉、前庭觉、本体觉、味觉和嗅觉，因此孩子无法在日常生活中进行有效的互动。

感觉寻求者（Sensory Seeker）：对某些感觉输入不够敏感，涉及视觉、听觉、触觉、前庭觉和本体觉。孩子似乎渴望或寻求这些类型的感觉。

感觉反应迟钝者（Sensory Under-Responder）：对某些感觉输入反应迟钝，涉及视觉、听觉、触觉、前庭觉和本体觉，或对这些感觉输入的反应没有那么快。孩子可能需要更强烈或长时间的感觉输入才会有反应。

基于感觉的运动障碍（Sensory-Based Motor Disorder，简称SBMD）：由于感觉处理效率低下而导致的运动问题。

感官智能（sensory-smart）：提供适当的感觉输入的活动。

小肌肉运动（small motor）：见精细运动。

触觉回避者（Tactile Avoider）：见感觉回避者。它是触觉防御的另一个相关术语。

触觉反应迟钝者（Tactile Under-Responder）：见感觉反应迟钝者。

触觉防御（tactile defensiveness）：倾向于对意外的、轻度的触觉做出消极或情绪化的反应。

触觉寻求者（Tactile Seeker）：见感觉寻求者。

触觉（tactile sense）：负责识别触觉输入的感觉系统，理解所感受到的东西，并为反应做准备。

前庭觉（运动和平衡）[vestibular (movement and balance) sense]：对重力的作用做出反应的感觉系统，提供有关头部相对于地表的位置的信息。这种感觉协调眼睛、头部和身体的运动，影响平衡、视觉、听觉和情绪安全。

前庭觉回避者（Vestibular Avoider）：见感觉回避者。

前庭觉寻求者（Vestibular Seeker）：见感觉寻求者。

前庭觉反应迟钝者（Vestibular Under-Responder）：见感觉反应迟钝者。

视觉回避者（Visual Avoider）：见感觉回避者。

视觉寻求者（Visual Seeker）：见感觉寻求者。

视觉（visual sense）：负责识别视觉输入的感觉系统，理解所看到的东西，并准备做出反应。

视觉反应迟钝者（Visual Under-Responder）：见感觉反应迟钝者。

白噪音机（white noise machine）：一种产生随机声音的设备，有点像空气从气球中逸出。通常通过掩盖远处的谈话声来保护隐私，它们也作为睡眠辅助设备出售。这种机器通常可以产生其他舒缓的声音，如雨声、风声、海浪声。

参考文献

Ayres, A. J. 1973. *Sensory integration and learning disorders*. Los Angeles: Western Psychological Services.

Bundy, A., S. J. Lane, & E. A. Murray, eds. 2002. *Sensory integration: Theory and practice* (2nd ed.). Philadelphia: F.A. Davis.

Frost, J. L. 1992. *Play and playscapes*. Clifton Park, NY: Thomson Delmar Learning.

Kranowitz, C. S. 2005. *Preschool SENSE (SENsory Scan for Educators): A collaborative tool for occupational therapists and early childhood teachers*. Las Vegas: Sensory Resources.

Kranowitz, C. S. 2006. *The out-of-sync child: Recognizing and coping with sensory processing disorder,* Revised Edition. New York: Penguin Group.

Miller, L. J., S. A. Cermak, S. J. Lane, M. E. Anzalone, & J. A. Koomar. Summer 2004. Position statement on terminology related to Sensory integration dysfunction. *S.I. Focus magazine.*

Miller, L. J., & D.A. Fuller, 2006. *Sensational kids: Hope and help for children with sensory processing disorder (SPD)*. New York: Penguin Group.

Roley, S. S., E. I. Blanche, & R. C. Schaaf, eds. 2001. *Understand-*

ing the Nature of Sensory Integration with Diverse Populations. San Antonio, TX: Therapy Skill Builders.

Wilbarger, P. & Wilbarger, J. L. 1991. *Sensory Defensiveness in Children Aged 2-12: An Intervention Guide for Parents and Other Caretakers.* Van Nuys, CA: Avanti Educational Programs.

拓展资源

Ayres, A. J. 2005. *Sensory integration and the child: 25th anniversary edition* (14th ed.). Los Angeles: Western Psychological Services.

Bissel, J., J. Fisher, C. Owens, & P. Polcyn. 1998. *Sensory motor handbook: a guide for implementing and modifying activities in the classroom.* San Antonio: Therapy Skill Builders, 1998.

Dejean, V. & Freer, A. 2002. *What is sensory integration?* Hand-out from Spectrum Center, Inc., (301) 657-0988.

Dunn, W. 1999. *Sensory profile: User's manual.* San Antonio: Psychological Corporation.

Grooms, J. 2001. *The scoop on sensory integration: A resource created for teachers and paraprofessionals.* (16-page booklet.) available from Pocket Full of Therapy.

Henry, D. 1998. *Tool chest for teachers, parents & students: A handbook to facilitate self regulation.* Youngtown, AZ: Henry OT Services.

Isbell, C., & R.T. Isbell. 2005. *The inclusive learning center book for preschool children with special needs.* Beltsville, MD: Gryphon House.

Isbell, R., & B. Exelby. 2001. *Early learning environments that work.* Beltsville, MD: Gryphon House.

Koomar, J. A., Friedman, B., & Woolf, illus. 1998. *The hidden senses: Your muscle sense and the hidden senses: Your balance sense.* Hugo, MN: PDP Press.

Koomar, J., C.S. Kranowitz, D.I. Sava, E. Haber, L. Balzer-Martin, & S. Szklut. 2004. *Answers to questions teachers ask about sensory integration* (2nd ed.). Las Vegas: Sensory Resources.

Kranowitz, C. S. 2006. *The out-of-sync child has fun, revised edition: Activities for kids with sensory processing disorder.* New York: Penguin Group.

Schneider, C.C. 2001. *Sensory secrets: How to jump-start learning in Children.* Concerned Communications: Siloam Springs, Arkansas S. I. Focus Magazine.

Williams, M.S. & S. Shellenberger, 1992. *An Introduction to "How Does Your Engine Run?" The Alert Program for Self-Regulation.* Albuquerque: Therapy Works.